Der Sugar Glider

Petaurus breviceps

Peter Puschmann

Bildnachweis:
Titelbild und Bild Seite 1: Sugar-Glider-Männchen (*Petaurus breviceps*)
Fotos: Ralf Sistermann

ISBN: 978-3-86659-045-8

© 2008 Natur und Tier - Verlag GmbH

An der Kleimannbrücke 39/41
48157 Münster
www.ms-verlag.de
Geschäftsführung: Matthias Schmidt
Lektorat: Kriton Kunz & Christian Ehrlich
Layout: Ludger Hogeback - hohe birken
Druck: Alföldi, Debrecen

Inhalt

Vorwort 4

Was sind Gleitbeutler? 6

Verwandtschaft 8

Verbreitung und Lebensraum 12

Lebensweise 15

Gesetzliche Bestimmungen 18

Erwerb 20

Quarantäne 24

Vergesellschaftung 25

Das Gehege 27

Einrichtung 31

Beleuchtung 34

Pflegearbeiten 36

Ernährung 38

Freilauf 43

Gesundheit 46

Zähmung 49

Vermehrung 52

Aufzucht der Jungtiere 57

Weitere Informationen 60

Weiterführende und verwendete Literatur 62

Vorwort

Als einer der durchaus vorhandenen positiven Aspekte der viel ge-
scholtenen Globalisierung fanden in den letzen Jahrzehnten auch immer mehr bis dahin bei uns unbekannte Kleinsäuger den Weg in unsere Gehege. Nur wenige von ihnen werden wohl eine ähnliche Heimtierkarriere starten wie früher einmal die (Haus-)Meerschweinchen (*Cavia
porcellus*) oder im letzten Jahrhundert der Goldhamster (*Mesocricetus
auratus*). Dennoch haben schon einige Arten bewiesen, dass hier noch
ungeahnte Möglichkeiten schlummern. Als Beispiele mögen hier nur
die Bestandsentwicklungen der verschiedenen Zwerghamsterarten
(*Cricetulus* und *Phodopus*) und der Mongolischen Rennmaus (*Meriones unguiculatus*) in menschlicher Obhut dienen.
Auch einem der interessantesten Neuzugänge der letzten
Zeit, dem Kurzkopf-Gleitbeutler (*Petaurus breviceps*),
wäre theoretisch eine ähnliche Heimtierkarriere
möglich. In

Die Ohren der Gleit-
beutler sind ständig in
Bewegung.
Foto: M. Tilly

anderen Ländern, wie zum Beispiel den USA, sind sie auch schon länger bekannt als in Europa oder speziell im in mancher Hinsicht doch etwas konservativen Deutschland. Im englischen Sprachraum wird dieses Tier wegen seiner besonderen Vorliebe für süße Nahrung als „Sugar Glider" oder einfach als „Glider" bezeichnet. Manchmal nennt man sie dort wegen ihrer Zugehörigkeit zu den Beuteltieren auch „Possums". Sie stellen zwar etwas höhere, aber durchaus erfüllbare Ansprüche an die Pflege als die oben genannten Nagetiere. Doch gerade das macht sie für den engagierten und informierten Halter so reizvoll.

Dieses Büchlein soll dazu dienen, grundlegende Informationen zu ihrer Lebensweise und artgerechten Haltung zu vermitteln. Darunter sind auch meine eigenen Erfahrungen aus mittlerweile über zehn Jahren Haltung und Zucht – oder besser gesagt: der gezielten Vermehrung – der Gleitbeutler. Die Arbeit an diesem Buch ist für mich persönlich nämlich sozusagen ein kleines Jubiläum: Den Stammbestand meiner Tiere erhielt ich im Oktober 1995 aus dem „Randers Regnskov", einem Regenwaldzoo in Dänemark. Dazu kam dann 2002 ein unverwandtes junges Weibchen aus dem Besitz von Christian Ehrlich, dem damaligen Chefredakteur der RODENTIA. Während dieser gesamten Zeit gaben mir die Gleitbeutler die Möglichkeit zu vielen interessanten Beobachtungen. Immer wieder spielten sich viele lustige, nur in einigen wenigen Fällen nervenaufreibende Situationen ab. Ich will aber nicht verschweigen, dass es auch Rückschläge gab, die bei ausreichender Information vielleicht hätten vermieden werden können.

Peter Puschmann,
Senden, im Sommer 2008

Was sind Gleitbeutler?

Erst seit wenigen Jahrzehnten kann man auch hier in Europa häufiger den Kurzkopf-Gleitbeutler bewundern. Es handelt sich um einen silber- bis bräunlich grauen, in Größe und Gewicht etwa mit einem Streifenhörnchen vergleichbaren Kleinsäuger. An den verhältnismäßig sehr großen Augen erkennt man sofort die dämmerungs- und nachtaktive Lebensweise der Tiere. Auch bei einem ruhig sitzenden Tier fallen besonders die dunklen, häutigen, rundlichen Ohren auf. Sie sind fast ständig in Bewegung und wie kleine Radarschüsseln einzeln in verschiedene Richtungen schwenkbar. Mitten im Gesicht des Beutlers prangt eine rundliche, rosafarbene Nase. Von ihr zieht sich bis kurz hinter das Auge eine schwarzbraune, „panzerknackerähnliche" Gesichtsmaske. Unter den Augen wird sie durch helle „Wangen" kontrastreich abgesetzt und schließt am Ansatz der Ohren ebenfalls helle Flecken ein. Vom Nasenrücken über die ansonsten helle Kopfoberseite läuft bis in den Bereich des Schwanzansatzes ein weiterer dunkler Streifen. Der Schwanz selber ist rundum gleichmäßig dicht in der Grundfarbe des Tieres behaart, wobei er meist zum Ende hin fast schwarz und etwas schlanker wird. Sobald sich der Gleitbeutler bewegt, fällt auf, dass ihm sein wunderbar weiches Fell viel zu groß zu sein scheint. Aber wenn er sich dann in charakteristischer Weise – an den Hinterfüßen kopfabwärts an einem Ast hängend – gähnend,

Die großen Augen sind ein Kennzeichen der nachtaktiven Lebensweise.
Foto: R. Sistermann

Mit Hilfe der Gleithäute
können Sugar Glider
überraschend weite
„Flüge" ausführen.
Foto: Alain Compost/
BIOS/Okapia

Auch beim Klettern
kann man die Flughäute
gut erkennen.
Foto: R. Sistermann

mit weit seitlich nach vorne gerichteten
Armen reckt, sieht man sofort, wieso dieses Beuteltier „gleiten" kann: Vom Ansatz
des fünften Fingers bis zur gegenüberstellbaren, krallenlosen großen Zehe spannt
sich eine mit weißlichem Rand versehene,
pelzige Haut, die die an sich gar nicht so
weiten Sprünge des Tieres zu gezielten
Gleit-„Flügen" verlängern kann. Daneben
fallen weitere anatomische Besonderheiten dieses Tieres, wie die Tatsache, dass
die zweite und dritte Zehe wie bei vielen
Beuteltieren weitgehend verwachsen sind
und somit an ihrem Ende quasi eine doppelte, als Kamm genutzte „Putzkralle" haben, kaum mehr auf. Auch dass der Hodensack nicht wie bei den „höheren" Säugern hinter, sondern vor dem längs geteilten Penis liegt, ist erst bei genauerer Betrachtung zu sehen. Der Penis liegt im Ruhezustand ohnehin unsichtbar innerhalb
der Kloakenöffnung, die bei beiden Geschlechtern auch der Entleerung von Kot
und Urin dient.

Wie der Name schon sagt, zählen Kurzkopf-Gleitbeutler zu den Beuteltieren.
Foto: M. Tilly

Verwandtschaft

Schon aus dem Namen kann man schließen, dass die Gleitbeutler innerhalb der Klasse der Säugetiere (Mammalia) zur Unterklasse der Beuteltiere (Marsupialia), also in die Verwandtschaft von Koala und Känguru gehören. Deswegen werden sie in den USA, wo sie schon länger als Heimtier gehalten werden, auch als „Possums" bezeichnet, wie im Vorwort schon erwähnt. Die weiblichen Gleitbeutler besitzen sogar wirklich einen Beutel in Form einer durch einen Längsspalt geöffneten Hauttasche am Unterbauch. Irreführenderweise ist das bei Beuteltieren nämlich gar nicht selbstverständlich. Bei etlichen „Beutelmäusen" sind die Zitzen am Bauch z. B. völlig ungeschützt oder nur von einem niedrigen Hautsaum umgeben. Allerdings gehören diese Tierchen mit ihrer weitgehend karnivoren (fleischfressenden) Lebensweise auch nicht in dieselbe Ordnung wie die Gleitbeutler. Die wiederum findet man bei den so genannten Pflanzenfressenden Beuteltieren – so lautet zumindest der deutsche, nicht sehr treffende Name für diese keinesfalls rein vegetarische Ordnung der Diprotodonta. In dieser gehört die

Gattung *Petaurus* zur Unterordnung der Kletterbeutler (Phalangerida), darin wiederum zur Familie der Hörnchenbeutler (Petauridae). Wenn man sich den präparierten Schädel eines Kurzkopf-Gleitbeutlers betrachtet, fällt sofort sein Gebiss auf, das auf den ersten Blick dem von Nagetieren ähnelt. Verschiedenen seiner Populationen wurde, bedingt durch Abweichungen in Färbung, Felllänge und Größe, der Status einer Unterart zugebilligt. So unterscheidet man heute je nach Wissenschaftler bis zu sieben verschiedene Unterarten des Kurzkopf-Gleitbeutlers. Allgemein anerkannt sind:

• *Petaurus breviceps breviceps* WATERHOUSE, 1839; Victoria, östliches New South Wales, südöstliches Queensland

• *Petaurus breviceps longicaudatus* LONGMAN, 1924; nördliches und nordöstliches Queensland

• *Petaurus breviceps ariel* (GOULD, 1842); nördliches Northern Territory, äußerster Nordosten von Westaustralien

Wussten Sie schon?

Nach heutigen Erkenntnissen findet man in der Gattung *Petaurus*, den Hörnchen-Gleitbeutlern, noch vier weitere „sichere", sich untereinander teils nur geringfügig unterscheidende Arten:

• Mittlerer Hörnchen-Gleitbeutler (*Petaurus norfolcensis*; Ost- und Südostaustralien, größer als *P. breviceps*)

• Großer Hörnchen- oder Gelbbauch-Gleitbeutler (*Petaurus australis*; Küstengebiete von Queensland, New South Wales und Victoria, viel größer als *P. breviceps*)

• Mahogany-Gleitbeutler (*Petaurus gracilis*; kleine Population von etwa 2.500 Tieren im nordöstlichen Queensland, durch Rodungen bedroht, größer als *P. breviceps*)

• *Petaurus abidi*; nordwestliche Küstengebiete von Papua-Neuguinea

Lediglich *Petaurus australis* fällt mit bis über 700 g Gewicht und recht dunkler Färbung stark aus dem gattungsüblichen Rahmen. Keine der anderen Arten erreicht auch nur ansatzweise die Verbreitung des Kurzkopf-Gleitbeutlers (*Petaurus breviceps*).

Der Große Streifenbeutler (*Dactylopsia trivirgata*) gehört zu den Verwandten der Kurzkopf-Gleitbeutler.
Foto: C. Ehrlich

• *Petaurus breviceps flavidus* TATE & ARCHBOLD, 1935; südliches Neuguinea; östliche Molukken (z. B. Aru)

• *Petaurus breviceps papuanus* THOMAS, 1888; nördl. Neuguinea; Inseln: nördliche Molukken (Halmahera, Bacan, Misool), Bismarck-Archipel (Neubritannien, Neuirland, New Hanover), D'Entrecasteaux-Inseln

Zwei weitere Formen werden je nach Autor nur als Unterart des Kurzkopf-Gleitbeutlers angesehen oder zu eigenem Artstatus erhoben:

Petaurus (*breviceps*) *tafa* TATE & ARCHBOLD, 1935; Hochland im Osten Neuguineas (Owen-Stanley-Gebirge) schwärzlich graue Grundfarbe, sehr langes Fell

Petaurus (*breviceps*) *biacensis* ULMER, 1940; endemisch auf der Insel Biak, nordwestlich von Neuguinea. Rötliche Grundfarbe mit hellem Rückenfleck.

Wie immer die Wissenschaft sich hier auch endgültig entscheidet – jeder Halter einer eindeutig bestimmbaren Gleitbeutler-Art oder -Unterart sollte ohnehin darauf achten, dass er seine Tiere nicht mit anderen Formen gemeinsam hält, um unerwünschte Hybridisierungen, also eine Kreuzung verschiedener Arten und Unterarten, zu vermeiden! Die meisten Tiere, die sich bis jetzt in menschlicher Obhut befinden, dürften zu den von Neuguinea stammenden Unterarten *P. b. papuanus* und *P. b. flavidus* gehören oder eine

Es gibt sieben Unterarten des Kurzkopf-Gleitbeutlers.
Foto: M. Tilly

nicht mehr definierbare Mischung dieser und anderer Unterarten darstellen.

Als direkter, nicht gleitfliegender Verwandter ist der Hörnchen-Kletterbeutler (*Gymnobelideus leadbeateri*) zu nennen, der sogar ähnlich aussieht wie ein Gleitbeutler ohne Gleithaut. Zwei weitere, ebenfalls zum Gleitflug befähigte australische Beuteltierarten werden wiederum nur die entferntere Verwandtschaft der Gattung *Petaurus* eingeordnet: Der Zwerg-Gleitbeutler (*Acrobates pygmaeus*) und der Riesen-Gleitbeutler (*Petaurista volans*). Der Erstere sieht mit gerade mal 15 g Gewicht aus wie eine Maus mit federartig, zweizeilig behaartem Schwanz. Der Letztere ist mit bis zu 45 cm Kopf-Rumpf-Länge und 1.700 g fast so groß wie eine kleine Hauskatze. Auch in der Ausprägung ihrer Gleithäute zeigen beide erhebliche Unterschiede zu den *Petaurus*-Arten: Während das Flugbild jener sehr gut als „Quadrat mit Schwanz" beschrieben werden kann, sind die „Zwerge" mit ihren relativ schmalen Gleithäuten eher mäßige Luft-, sondern eher Zweigakrobaten, die „Riesen" mit ihren an den Ellenbogen ansetzenden Gleithäuten gleichen in der Luft dagegen eher einem „geschwänzten Dreieck".

Wussten Sie schon?

Riesen-Gleitbeutler wurden, wohl auch, weil sie als Blattfresser ähnliche Nahrungsspezialisten sind wie z. B. die bei uns so bekannten und beliebten Koalas, noch nicht lebend nach Europa eingeführt. Zwerg-Gleitbeutler dagegen werden seit einigen Jahren sehr erfolgreich in den Nachttierhäusern verschiedener europäischer zoologischer Gärten gehalten und vermehrt. Aufgrund vertraglicher Vereinbarungen mit den australischen Behörden, die als Leihgeber für die Ausgangspopulation auftreten, dürfen diese sehr interessanten Tierchen aber nur an andere zoologische Institutionen, leider jedoch nicht an private Halter weitergegeben werden.

Lebensraum von Sugar Gliders in der Nähe von Brisbaine, Australien
Foto: H. - D. Philippen

Verbreitung und Lebensraum

Auch wenn die derzeit in Europa gehaltenen Gleitbeutler – bedingt durch die in Australien herrschende totale Ausfuhrsperre seit dem Jahre 1960 – fast alle ursprünglich aus Neuguinea kommen, ist das Verbreitungsgebiet der Gattung doch weit größer. So findet man die Tiere auch auf etlichen Inseln rund um Neuguinea, vor Australien sowie auf und vor Tasmanien. Auf dem australischen Festland bewohnen sie die bewaldete Zone vom Nordwest-Territorium über Queensland bis nach Victoria im Südosten. Innerhalb dieses Gebietes ist der Kurzkopf-Gleitbeutler die am weitesten verbreitete Art. Dort, wo er vorkommt, ist er keineswegs selten, obwohl er sich seinen Lebensbereich in manchen Regionen sogar mit den anderen Arten der Gattung teilen muss. *Petaurus breviceps* bewohnt in Familienclans, meist bestehend aus jeweils mehreren Männchen, Weibchen und deren Jungtieren, hohe Bäume mit tiefen Astlöchern oder sonstigen Höhlungen. Von hier aus durchstreifen sie nach Einbruch der Abenddämmerung kletternd, springend und auch von Baum zu Baum gleitend ihr Revier auf der Suche nach Nahrung.

Die Tiere fehlen folgerichtig in den vegetationsärmeren Gebieten im Südwesten und im Zentrum des Kontinentes. Damit haben wir auch schon den Hauptfaktor für eine eventuelle Bedrohung des Gleitbeutlers dingfest gemacht: Die unersättliche Gier der holzverarbeitenden Konzerne! Auch für die Suche nach Erdöl und anderen Bodenschätzen wird der Wald, Lebensraum nicht nur der Gleitbeutler, zerstört. Denn in Gebieten mit gerodeten Wäldern, in denen ja die Lebensgrundlagen

In solchen Biotopen leben Kurzkopf-Gleitbeutler in der Natur.
Foto: H. - D. Philippen

der Tiere zerstört wurden, haben die Tiere keine Überlebenschance. Auf Papua-Neuguinea werden die Gleitbeutler in solchen Kahlschlagszonen dann abgesammelt und hauptsächlich als Proteinquelle für die menschliche Ernährung genutzt. Nur ein sehr kleiner Teil dieser Tiere wandert auch in den internationalen Heim- und Zootierhandel. In Australien werden nach einem solchen Fall von Lebensraumzerstörung die nicht an das Leben auf dem baumlosen Boden angepassten Tiere vor allem zu Opfern der natürlichen Beutegreifer wie Greifvögel, Eulen, Raubbeutler und Reptilien, aber auch der durch Menschen eingeschleppten „Aliens", nämlich Katze, Fuchs und Hund.

Eine direkte Bedrohung durch den Fang für die Haltung als Heimtier existiert nicht und hat auch noch nie bestanden. Man sollte sich immer vor Augen führen, dass nachweislich – auch wenn einige „hauptberufliche Tierfreunde" das Gegenteil behaupten – bis heute noch kaum eine Tierart durch den Fang einzelner Exemplare für die Haltung als Heimtier ausgerottet wurde. Wohl hat der Mensch etliche Arten schlichtweg aufgegessen, wie z. B. die Moas, die neuseeländischen Riesenstraußé. Oder die letzten Individuen einer Art wurden zu Sammlungsstücken und Museumsexponaten verarbeitet, wie im Fall des Nordatlantischen Riesenalkes (Alca [Pinguinus] impennis). Hier wurde das letzte Paar auf der Insel Eldey am 3. Juni 1840 erschlagen und letztendlich an das Museum in Kopenhagen verkauft, nachdem in den Jahren davor die gesamte Population der Insel das gleiche Schicksal erlitten hatte und teilweise noch heute in Form von Präparaten die Museen dieser Welt ziert. Aber vor allem durch Zerstörung ihrer Lebensräume und durch unüberlegte Einführung von Fressfeinden oder Konkurrenten rottete *Homo sapiens*, der „denkende Mensch", bereits etliche seiner Mitbewohner auf diesem Planeten aus.

Umso erfreulicher ist es, dass der Kurzkopf-Gleitbeutler hier anscheinend mehr Glück hat. Bis heute sind schon einige Wälder in seinen Heimatgebieten unter Schutz gestellt worden. Vor allem im australischen Teil seiner Verbreitungszone wäre dadurch, zusätzlich zur schon erwähnten Ausfuhrsperre, ein weiterer Schritt zur dauerhaften Sicherung seiner Existenz gemacht. Leider wird der Waldverbrauch der großen Konzerne im papuanisch-indonesischen Teilbereich wohl auf absehbare Zeit nicht gestoppt werden können. Hier sind die Kurzkopf-Gleitbeutler, ebenso wie alle anderen Wald bewohnenden Arten, regional in ernster Gefahr. Trotzdem ist der Fortbestand der Art *Petaurus breviceps* aufgrund ihrer relativ weiten Verbreitung wohl noch nicht akut bedroht. Bei den anderen Arten der Gattung, von denen einige nur in begrenzten Gebieten vorkommen, sieht die Situation teilweise viel brisanter aus.

Kurzkopf-Gleitbeutler sind in einigen Teilen ihres Lebensraums durch Abholzung der Wälder bedroht.
Foto: Wothe/OSF/ Okapia

Durch ihre nächtliche Lebensweise ist nur wenig über das Verhalten der Gleitbeutler in der Natur bekannt.
Foto: Jean-Paul Ferrero/Auscape/SAVE/Okapia

Lebensweise

Durch seine nächtliche, baumbewohnende Lebensweise entzieht sich der Kurzkopf-Gleitbeutler weitgehend der Beobachtung in der in großen Bereichen leider gar nicht mehr so „freien" Wildnis. Ein Großteil des bekannten Verhaltens wurde, wie in solchen Fällen meist üblich, ursprünglich an Tieren in menschlicher Obhut entdeckt und beschrieben. Für weitergehende Untersuchungen in der Natur fehlen meist die nötigen finanziellen Mittel. Lediglich einfach zu erzielende Untersuchungsergebnisse, wie Größe und Zusammensetzung der Familiengruppen, Reviergröße und Nahrungsspektrum waren den frühen Forschern bekannt. Sie ließen sich ja ziemlich problemlos durch Auszählen und Sektion von speziell zu diesem Zweck erlegten Tieren ermitteln. Zur Standardausrüstung der frühen wie mancher heutigen Freilandforscher gehörten und gehören leider z. T. noch Gewehr und tödliche Schlagfallen. Gezielte Verhaltensbeobachtungen an frei lebenden

Gleitbeutlern wurden erst von verschiedenen Tierfilmern gemacht, wobei nicht immer klar ist, ob es sich bei den Aufnahmen um natürliches Verhalten oder gestellte Situationen handelt. Insgesamt ist das allgemein zugängliche Material jedoch noch sehr spärlich und beschränkt sich in vielen Fällen auf Szenen, in denen der charakteristische Gleitflug der Tiere gezeigt wird. Bei den ersten im Deutschen Fernsehen gezeigten Filmsequenzen dieser Art sah man sogar, wie mehrmals hintereinander ein Tier im hellen Sonnenlicht von einem frei stehenden Ast zum Gleitflug startet, was normalerweise keinem Gleitbeutler einfallen würde, der seine Sinne beisammen hat. Schließlich jagen tagsüber im indoaustralischen Raum u. a. diverse Habicht- und Sperberarten (*Accipiter* spp.), auf deren Speisezettel durchaus auch Gleitbeutler passen. Diese rasanten Luftjäger sind jedem nur zum Gleitflug fähigen Wesen an Schnelligkeit und Manövrierfähigkeit bei weitem überlegen. Wahrscheinlich ist ihr Jagddruck sogar einer der Hauptgründe, warum die Gleitbeutler ihre Aktivitäten auf die dunklen Stunden beschränken. Doch selbst dann gibt es immer noch fliegende Fressfeinde: Eulen. Sogar einige Fledermäuse wären theoretisch zu nennen, doch ist der auch kleinere Wirbeltiere fressende Indonesische Falsche Vampir (*Megaderma spasma*) mit nur maximal knapp 30 g wohl zu

Meist halten sich Kurzkopf-Gleitbeutler im Geäst auf, den Boden suchen sie nur selten auf.
Foto: R. Sistermann

klein, um eine wirkliche Gefahr darzustellen. Dagegen ist die bis zu 170 g schwere Australische Geisterfledermaus (*Macroderma gigas*) mit 60 cm Spannweite durchaus ein ernst zu nehmender Gegner. Zwar sind meines Wissens Gleitbeutler noch nicht eindeutig als Beute dieser Fledertiere nachgewiesen worden, doch weiß man von dieser Art, dass sie Reptilien, Vögel und Kleinsäuger, darunter sogar andere Fledermäuse bis zur eigenen Körpergröße, erbeuten und auch durch die Luft abtransportieren kann.

Kurzkopf-Gleitbeutler leben in Familienclans, die eine gemeinsame Schlafhöhle bewohnen. Foto: C. Neumann

Der Luftweg ist für Gleitbeutler also nicht unbedingt die sicherste, wenn aber auch in vielen Fällen die durchaus schnellere Alternative zur konventionellen Bewegung durch das Geäst. Keinesfalls versuchen sie aber, immer und überall zu gleiten. Schließlich können sie dabei längst nicht so schnell auf brenzlige Situationen reagieren und bei Bedarf mitten in der Bewegung in eine andere Richtung umschwenken. In dichter Vegetation bewegen sich Gleitbeutler auch viel lieber und natürlich auch energiesparender kletternd fort. Lediglich um Distanzen von weit über einem Meter zu überbrücken, die sie „zu Fuß" oder mit einem normalen Sprung nicht mehr bewältigen können, setzen die Tiere ihre Gleitfähigkeit ein. Denn sie versuchen, wo immer möglich, den direkten Kontakt mit dem Erdboden zu vermeiden. Hier sind sie, bedingt durch Kopplung von Vorder- und Hintergliedmaßen durch die Gleithaut, nicht zu einem eleganten, gestreckten Galopp wie andere Kleinsäuger fähig. Sie müssen sich zu ebener Erde mit einem froschartigen, vierfüßigen Hüpfen fortbewegen. Da sie dabei wiederum sehr leicht zur Beute aller möglichen terrestrischen Räuber werden können, wird klar, warum sie lediglich Gebiete mit relativ geschlossenem Baumbewuchs bewohnen können.

Gesetzliche Bestimmungen

Zum Glück gibt es in Deutschland außer den allgemein anerkannten
Regeln des Tierschutzgesetzes (noch) keine Gesetze, die die Haltung
von Kurzkopf-Gleitbeutlern in derartiger Weise einschränken wie z. B.
in Österreich. Dort wird die private Haltung durch die am 01.01.2005 in
Kraft getretene 2. Tierhaltungsverordnung quasi verboten. Darin ist für
Gleitbeutler (Petauridae) eine Gehegegröße von 2 m² bei einer Höhe
von 3,5 m (!) als Mindestmaß vorgeschrieben. Da modernere Wohnungen jedoch meist eine niedrigere Deckenhöhe aufweisen, wäre
hier die Pflege von Gleitbeutlern ordnungswidrig. Die Besitzer hoher
Altbauwohnungen könnten andererseits bei der Einhaltung der geforderten Mindesttemperaturen von 18 °C bei 60 % relativer Luftfeuchtig-
keit für die aus tropischen Bereichen stammenden Kurzkopf-Gleitbeutler Schwierigkeiten bekommen.

Die weiteren Vorschriften für die Einrichtung mit Kletterästen und
Schlafhöhlen kann ich ebenso wie die genannten Klimadaten gut
nachvollziehen. Doch verstehe ich nicht, wie ein derart hohes Gehege
„so proportioniert sein" könnte, „dass ein Gleitflug ermöglicht wird".
Vielleicht ist den Theoretikern vom grünen Tisch entgangen, dass
Gleitflüge vorzugsweise horizontal ausgeführt werden. Die schnelle
senkrechte Bewegung wird im Allgemeinen als Fall oder bestenfalls

Bisher gibt es in Deutschland außer dem Tierschutzgesetz keine weiteren gesetzlichen Bestimmungen für die Haltung von Gleitbeutlern.
Foto: M. Tilly

Sturzflug bezeichnet. Aber möglicherweise will man in Österreich ja auch unsere Kurzkopf-Gleitbeutler demnächst in „Fallbeutler" umbenennen. Leider ist dieses Stück Realsatire zu traurig, um darüber herzhaft lachen zu können.

Um es noch einmal klar zu sagen: Gleitbeutler sind bereits auf Distanzen von etwa einem Meter gezwungen zu gleiten statt zu springen. Ein „Gleitflug" wäre also schon in Volieren von nur einem Quadratmeter möglich, also der Hälfte der von der 2. Tierhaltungsverordnung geforderten Grundfläche. Doch bewegen sich die Tiere auch in sehr viel größeren Gehegen lieber kletternd und normal hüpfend, da Gleitsprünge ihnen offenbar einfach zu energieaufwändig sind. Zum Vergleich: Auch wir Menschen sind von unserer Konstitution her durchaus in der Lage, breite Flüsse oder sogar Meeresarme wie z. B. den Ärmelkanal zu durchschwimmen. Zumindest ich persönlich würde dazu aber lieber einfach eine Brücke oder Fähre benutzen.

Kurzkopf-Gleitbeutler
kauft man am besten
direkt vom Züchter.
Foto: R. Sistermann

Erwerb

Prinzipiell gibt es für den angehenden Halter verschiedene Möglichkeiten, an Sugar Gliders zu kommen. Da es sich bei den Gleitbeutlern
(heute noch) um eher exotische Haustiere handelt, wird man diese Tiere oft nicht einfach in der nächsten Zoohandlung im Standardangebot
zwischen Kaninchen, Meerschweinchen und Goldhamstern finden können. Doch gibt es auch da schon Ausnahmen, speziell, wenn es sich
um eine größere und damit meist besser sortierte Firma handelt. Sogar in manchen kleineren Ladengeschäften kann man fündig werden,
wenn das Verkaufspersonal persönlich engagiert und informiert ist.
Leider ist das durchaus nicht immer der Fall. Oft handelt es sich bei
den angebotenen Tieren auch aus Kostengründen um Wildfänge, also
frische Importe mit den dafür leider meist üblichen gesundheitlichen
Problemen wie Parasiten und Infektionskrankheiten. Solche Tiere sind
für den späteren Halter dann meist teurer als hiesige Nachzuchten, da

die später notwendigen Tierarztkosten den Einkaufspreis durchaus
mehrfach übersteigen können.

Wenn schon Gleitbeutler aus dem Zoofachhandel, dann sollte man
sich auf Nachzuchttiere festlegen, da es sich dabei normalerweise um
die gesünderen Vertreter ihrer Art handelt.

Außerdem wird durch Bestehen auf hier gezogenen Tieren der weitere,
eigentlich nicht mehr unbedingt nötige Import von Wildfangtieren unterbunden. Schließlich ist die Nachzucht dieser Art weit weniger pro-
blematisch als z. B. die nordasiatischer Streifenhörnchen (*Eutamias si-
biricus*). Andererseits wird damit das Schicksal der zumeist in den Ro-
dungsgebieten Indonesiens gesammelten Tiere nicht
unbedingt verbessert. Denn diese dürften
dann, statt zumindest die Chance auf
ein tiergerechtes
Leben in der
Obhut enga-
gierter euro-
päischer Hal-
ter zu haben,
nun ausnahmslos
in den einheimischen
Kochtöpfen landen.
In Tierheimen wird man
kaum Erfolg auf der
Suche nach Sugar Gliders
haben. Denn dass Gleit-
beutler in einem
Tierheim

abgegeben werden, kommt glücklicher-
weise noch so gut wie nie vor, auch wenn mir persönlich ein Fall aus
Süddeutschland bekannt ist. Da die Mitarbeiter des Tierheimes offensichtlich über die Gleitbeutler nicht genau Bescheid wussten, wurde
konsequenterweise sofort der Münchner Zoo verständigt. Über die
Vermittlung des Tierparks Berlin wurde dann so schnell wie möglich ein
erfahrener Halter in Süddeutschland ermittelt, bei dem die Findlinge

Kurzkopf-Gleitbeut-
ler werden nur sel-
ten im Zoofachhan-
del angeboten.
Foto: M. Tilly

Nachzuchttiere sind meist sehr zutraulich.
Foto: M. Tilly

dauerhaft untergebracht werden konnten. Zoologische Gärten selber sind ja an solchen „einfachen" Kleinsäugern meist nur dann interessiert, wenn sie über ein Nachttiergehege verfügen, das nicht schon durch publikumswirksamere Attraktionen belegt ist.

Auch der Besuch von Tierbörsen ist leider nicht immer ein probates Mittel, um einen „akuten Gleitbeutlermangel" zu beheben. Wohl gibt es dort auch einige seriöse Anbieter, doch finden sich leider auch immer wieder Personen, denen der rasche finanzielle Gewinn mehr wert ist als das Wohlergehen der Tiere. So sah man früher, auch auf noch gar nicht so lange zurückliegenden Veranstaltungen, manchmal Gleitbeutler, die zu Dutzenden ohne Deckung in einem einzigen Kaninchenkäfig zusammengepfercht wurden. Glücklicherweise wird neuerdings immer stärker durchgegriffen, um die Einhaltung der in der letzten Zeit doch erheblich verschärften Börsenrichtlinien durchzusetzen. Vorbildlich war dabei z. B. die spezielle Kleinsäuger-Börse in Hamm, die „Exotic Animal". Hier, aber auch auf anderen Börsen wird streng auf die richtige Unterbringung und Versorgung der Tiere geachtet. Auch wenn es einigen Börsenprofis wenig passt, ist dies doch auf Dauer der einzige Weg, damit – auch im Interesse der Tiere – Börsen als Austausch- und Treffpunkte erhalten bleiben können. Immerhin hat hier schon mancher Besucher, auch ohne dass er die Tiere fand, die er eigentlich heimbringen wollte, doch immerhin Verbindung mit Haltern oder Züchtern aufnehmen können. Es gibt bereits genug Züchter, die ihre Pfleglinge zu Hause lassen und auf Börsen „nur" teils sehr ansprechende Bilder und Informationen ihrer Tiere präsentieren. Auf den ersten Blick mag das für manchen Besucher wenig lohnend erscheinen. Doch für denjenigen, der sich wirklich für die angebotenen Tiere interessiert, ist jede Möglichkeit wertvoll, sich schon vorab über die Art zu informieren, die er zu erwerben gedenkt. Außerdem können so viele interessante Kontakte geknüpft werden, die auf Dauer nicht nur zu eigenen Gleitbeutlern, sondern auch zu Rat und Hilfe in den verschiedensten Situationen verhelfen können. Schließlich sollte man sich z. B. nicht erst am letzten Tag vor dem Urlaub um eine kompetente Pflegevertretung kümmern. Auf jeden Fall ist der Kauf beim Züchter – ob der Kontakt nun auf einer Börse, über Kleinanzeigen wie in der RODENTIA (siehe „Weitere Informationen" oder durch Suche im Internet hergestellt wird, immer noch die sicherste Möglichkeit, gesunde, nicht verhaltensauffällige und schon von klein auf an die Situation in menschlichen Wohnungen gewöhnte Kurzkopf-Gleitbeutler zu erhalten. Denn in menschlicher Obhut nachgezogene Tiere sind normalerweise nicht so stark durch Fang und Transport traumatisiert und so gut wie frei von all den diversen Krankheiten und Parasiten, von denen Tiere in der „freien Natur" befallen werden können.

Quarantäne

Eine Quarantäne ist bei Wildfängen zwingend, bei Nachzuchttieren nicht genau bekannter Herkunft nur dann nötig, wenn die Tiere in einen bereits vorhandenen Bestand eingegliedert werden sollen. Man sollte **nie** einzelne Tiere allein in Quarantäne setzen, da sie dadurch erhöhtem Stress ausgesetzt werden und eventuell latent vorhandene Krankheiten dann erst recht ausbrechen. In solchen Fällen wäre, zumindest bei äußerlich gesund erscheinenden Nachzuchttieren, zu überlegen, ob es nicht besser wäre, sie gleich mit ihren zukünftigen Gruppengenossen in einem sehr hygienisch eingerichteten Käfig zu vergesellschaften und daraufhin die gesamte Gruppe unter Beobachtung zu halten.

Bei Wildfängen ist das „komplette Quarantäneprogramm" notwendig, da sie natürlich auch das ganze mögliche Spektrum an Krankheiten, äußeren und inneren Parasiten zeigen können. Wohl werden verantwortungsvolle Importeure und Zoofachhändler schon in eigenem Interesse die Tiere und ihre Ausscheidungen veterinärmedizinisch untersuchen lassen, um den Tierbestand, falls nötig, sofort zu behandeln. Doch besteht hier andererseits natürlich das nachvollziehbare Interesse, die Tiere möglichst bald weiterzuverkaufen. Schließlich sollen sich die eigenen Investitionen ja auch möglichst schnell amortisieren.

Besonders bei Wildfängen ist eine strenge Quarantäne erforderlich.
Foto: M. Tilly

Der Praxistipp

Der Transport der Gleitbeutler erfolgt in stabilen, gut verschließbaren Boxen, z. B. Faunaboxen. Dabei sollte ihnen ausreichend Nistmaterial zur Verfügung stehen. Es dient sowohl als thermische Isolierung und Sicherung gegen Stöße als auch zur Beruhigung der Tiere – zumindest, wenn es aus dem alten Nest der „Reisenden" stammt.

Vergesellschaftung

Grundsätzlich sollten Gleitbeutler nie als Einzeltier gehalten werden. Auch der intensivste Kontakt zum Pfleger kann dem Tier nie die soziale Interaktion mit artgleichen Exemplaren vollständig ersetzen. Dabei ist es den Gleitbeutlern in den meisten Fällen ziemlich gleichgültig, welches Geschlecht ihre Partner haben.

Falls also – aus welchen Gründen auch immer – eine Vermehrung vermieden werden soll, kann man fast immer problemlos auch zwei oder mehrere Tiere desselben Geschlechtes zusammen halten. Zwar kann es dabei auch Antipathien zwischen einzelnen Exemplaren geben, doch ist man davor auch in einer gewachsenen Familiengruppe nicht restlos gefeit.

Die Gemeinschaftshaltung mit anderen Tierarten dagegen ist ein ganz anderes Thema. Obwohl oft davor gewarnt wird, praktizieren sie doch schon mehrere Halter erfolgreich und auch über längere Zeiträume. Dabei ist als allerwichtigste Voraussetzung ein ausreichend großes Gehege notwendig. Weiterhin muss man bei der Vergesellschaftung verschiedener Arten mit besonderer Vorsicht vorgehen, da „schwächere" Arten, die in das Beuteschema der Gleitbeutlers passen könnten, auch meist als Nahrung und nicht als potenzielle Mitbewohner angesehen werden. Stärkere Arten dürfen dagegen weder obligate Fleischfresser noch besonders agressiv sein, da ihnen dann zwangsläufig auf Dauer die Sugar Gliders zum Opfer fallen dürften.

Mein eigener Versuch, Kurzkopf-Gleitbeutler zusammen mit Nilflughunden (*Rousettus aegyptiacus*) zu halten, beruhte auf der Überlegung, dass beide Arten etwa die gleiche „Gewichtsklasse" haben. Auch in den Futteransprüchen sind die Nilflughunde ihnen sehr ähnlich, wenn auch noch stärker Obst fressend. Die Nilflughunde wissen sich notfalls gegen aufdringliche Gliders mit Zähnen und Daumenkrallen höchst wirkungsvoll zu verteidigen. Meist ist das jedoch nicht nö-

Eine Vergesellschaftung von Kurzkopf-Gleitbeutlern mit Nilflughunden ist möglich.

Kurzkopf-Gleitbeutler dürfen auf keinen Fall einzeln gehalten werden.
Foto: C. Neumann

tig, denn sie wirken in Drohhaltung, mit ausgebreiteten, fast 60 cm spannenden Flügeln, eindrucksvoll genug, um auch die vorwitzigsten Gliders auf Abstand zu halten. Zudem nutzen sie vor allem die Volierendecke mit den dort angebrachten Verstecken als Ruhezone und den freien Luftraum zur Bewegung, sodass sie sich auch dabei mit den Gleitbeutlern nicht in direkter Konkurrenz befinden. Nach zwei Nächten hatten beide Arten sich „zusammengerauft". Heute gibt es nur noch am Futternapf gelegentlich kurzes Gezeter, bei dem natürlich die Gleitbeutler als Gruppe dominieren, da die Flughunde einzeln fressen. Probleme gibt es nur, wenn eine Flughundmutter 10–14 Tage nach der Geburt ihr Jungtier irgendwo an der Volierendecke „parkt", um selber „unbeschwert" zu fressen. Beim ersten Baby ging es bei mir drei Nächte lang gut, sodass ich glaubte, es würde wohl nichts mehr passieren. In der vierten Nacht hatten die Gliders dann wohl bemerkt, dass das, was da hing, kein wehrhafter erwachsener Flughund war, sondern ein zarter, hilfloser Leckerbissen.

Reste habe ich keine gefunden. Seitdem werden bei mir die Flughundweibchen spätestens 2–3 Tage nach der Geburt, wenn das jeweilige Jungtier noch ständig getragen wird, mit einigen Gesellschaftstieren in eine „Wochenstube" umgesetzt. Sobald die Heranwachsenden nach einigen Monaten vollkommen selbstständig sind und für sie keine akute Gefahr mehr besteht, können alle zurück in die Gruppe. Dieses System funktioniert bei mir bis jetzt sehr gut, und weitere Jungtierverluste konnten so wirkungsvoll verhindert werden.

Das Gehege

Das Gehege für Gleitbeutler muss an die Bedürfnisse der Tiere angepasst sein.
Foto: P. Puschmann

Das Gehege für Kurzkopf-Gleitbeutler sollte für derart lebhafte Tiere wie die Kurzkopf-Gleitbeutler natürlich so groß wie möglich sein. Aus eigener Erfahrung kann ich sagen, dass die Größe keinesfalls unter einem halben Kubikmeter liegen soll. In kleineren Käfigen besteht möglicherweise die Gefahr von Verhaltensstereotypien. Glücklicherweise wurde bei mir eine kurzfristige Unterbringung in einem derartigen, 50 x 80 x 50 cm (L x B x H) großen Behelfskäfig nur einmal während einer größeren Umbauaktion im Januar 1996 in meinem Appartement nötig. Ein während dieser Zeit gerade selbstständig werdendes weibliches Jungtier führte sehr häufig Rückwärtssaltos aus und rollte seinen Schwanz in auffälliger Weise nach oben ein. Solche Stereotypien, also vom üblichen Verhalten abweichende, ständig wiederholte Bewegungsabläufe, werden von fast allen Tierarten gezeigt, wenn sie in zu kleinen Gehegen gehalten werden und ihrem Bewegungsdrang nicht genügend Freiraum bleibt. Zum Glück hatte ich gerade die Möglichkeit und das Material, um „mal eben schnell" einen größeren Käfig von etwa 80 x 80 x 100 cm Größe zu bauen. In diesem verschwanden die Verhaltensauffälligkeiten – bis auf seltenes Einrollen des Schwanzes – bereits nach wenigen Stunden wieder. Daher ann ich also zweifelsfrei sagen, dass, auch wenn andere Halter dies nicht glauben wol-

Artgerecht eingerich-
tetes Gehege für Kurz-
kopf-Gleitbeutler.
Foto: C. Neumann

len, weil ihnen die praktische Erfahrung fehlt, die absolute Käfigmin-
destgröße für die kurzfristige Haltung von Gleitbeutlern bei etwa 0,6 m³
liegen muss. Aber hier gilt wirklich einmal: Größer ist besser!
Nach Abschluss des Umbaus konnten die Tiere wieder in ihre übliche,
deckenhohe Voliere einziehen. Das erwähnte Exemplar lebt heute,
acht Jahre später, immer noch bei mir und ist gut daran zu erkennen,
dass es manchmal seinen Schwanz in der beschriebenen Weise trägt.
Nach dem „Gutachten über die Mindestanforderung an die Haltung
von Säugetieren" des Bundesministeriums für Verbraucherschutz,
Ernährung und Landwirtschaft (BMVEL) vom 10. Juni 1996 sollte die
Voliere für Kurzkopf-Gleitbeutler mindestens 2 m hoch bei 2 m² Grundfläche sein. Diese Maße waren allerdings ursprünglich für die dauer-
hafte Haltung in der Voliere vorgesehen, wie sie normalerweise in zoologischen Institutionen durchgeführt wird. Im direkten Vergleich haben
Tiere bei den meisten privaten Haltern, auch wenn deren Volieren in
punkto Raumangebot nicht an diese im Gutachten vorgeschlagene
Größe heranreichen sollten, mehr und abwechslungsreichere Bewegungsmöglichkeiten. Denn im Gegensatz zu den meisten Institutionen
besteht bei Privathaltern für die Tiere fast immer die Möglichkeit des
täglichen Freilaufes, also der Bewegung außerhalb des Käfigs, sodass
ihr effektiver Bewegungsradius dann weit größer als im Gutachten gefordert ist.
Bei später notwendigen Umbesetzungen konnte ich übrigens nie wieder Stereotypien beobachten, auch wenn die Tiere dabei teilweise für
längere Zeit in Volieren von knapp einem Kubikmeter gehalten wurden. Einen Käfig dieser Größe würde ich persönlich daher als das absolute Minimum für die ständige Haltung eines Paares oder einer kleinen Gruppe ansehen – zumindest, wenn den Tieren auch noch regelmäßig die Gelegenheit zum Freilauf in der Wohnung gegeben wird, damit sie sich richtig „austoben" können. Noch wichtiger als die Größe
des Geheges ist, auch wenn dieser Hinweis sowohl im deutschen Gutachten als auch in der österreichischen Tierhaltungsverordnung fehlt,
dass möglichst die gesamten Innenwände des Geheges als Bewe-
gungsfläche genutzt werden können. Sie müssen also aus Drahtgitter
bestehen oder eine von den Tieren gut bekletterbare Oberfläche besitzen, z. B. raue Borke.
Optimal wäre natürlich die freie Unterbringung der Kurzkopf-Gleitbeutler in einem eigens dafür eingerichteten Raum. Da sich dies wegen der
mangelnden Größe der heutigen Durchschnittswohnung nur selten re-
alisieren lässt, wird man die Voliere der Tiere in den menschlichen
Wohnbereich integrieren müssen. Es versteht sich dabei von selbst,
dass die Küche mit ihren Kochdünsten (sowie natürlich aus hygienischen Gründen) oder zugige Standorte wie Flure von vornherein nicht

Mit etwas handwerklichem Geschick lassen sich tolle naturähnliche Gehege für Sugar Glider in der Wohnung bauen.
Foto: C. Ehrlich

in Frage kommen. Auch Schlafzimmer sind wenig geeignet, da dort erstens die Temperatur meist geringer ist als in der restlichen Wohnung und zweitens die Tiere durch ihre nächtlichen Aktivitäten den menschlichen Mitbewohnern die nötige Nachtruhe rauben würden. Das Wohnzimmer bietet sich als zweckmäßiger Standort für die Voliere geradezu an, da es meistens abends genutzt wird und daher für den Halter automatisch die besten Beobachtungsmöglichkeiten in der aktiven Zeit der Gleitbeutler bietet. Außerdem findet man hier gewöhnlich eine für uns und auch für unsere Pfleglinge angenehme Temperatur von über 20 °C – zumindest im durchschnittlichen, mitteleuropäischen Wohnzimmer.

Einrichtung

Zur Einrichtung der Voliere gehören natürlich zuallererst Nistkästen, die in ihren Dimensionen der Gruppengröße angepasst werden müssen. Grundsätzlich sollen alle Tiere gleichzeitig und bequem im Kasten Platz finden. So können wir vermeiden, dass rangniedere Tiere wegen Raummangels in der „Lieblingsbox" in andere Schlafboxen abgedrängt werden. Das würde ziemlich bald zu einer Entfremdung der einzelnen Gruppenmitglieder untereinander mit anschließendem aggressiven Verhalten führen. Gut bewährt haben sich querformatige Kästen für Großsittiche von etwa 20 x 30 x 20 cm Größe mit einem Schlupfloch von mindestens 8 cm Durchmesser. Es sollte trotzdem immer mehr als

Ein Schlafkasten muss den Beutlern unbedingt zur Verfügung stehen. Foto: M. Tilly

eine Höhle angeboten werden, da die Gleitbeutler ja auch während der Nacht nicht ständig aktiv sind, sondern an verschiedenen, ruhigen Orten gerne mal eine kleine Pause einlegen. Diese geschützten Ruhezonen sind außer für den Gruppenzusammenhalt und die Befriedigung des Sicherheitsbedürfnisses der Tiere auch wichtig für die Nachzucht. Hier werden die Jungtiere von den Müttern abgelegt, wenn sie nicht mehr ständig im Beutel herumgetragen werden. Außer den Höhlen werden aber auch gerne andere Rastmöglichkeiten genutzt, wie bequeme Astgabeln, Sitzbretter von mindestens 10 cm Breite an den Käfigwänden oder Hängematten. Bei den Matten ist es den Tieren übrigens ganz gleich, ob diese aus einfachen Stoff-Fetzen oder aus professioneller Fertigung stammen. Die Tiere ruhen bevorzugt in den oberen Bereichen der Voliere, also sollten hier auch die entsprechenden „Chill-out-Ecken" eingerichtet werden. Dabei muss natürlich aus

Unter den Futternäpfen
sollte der Raum frei
bleiben, um Verschmut-
zungen zu vermeiden.
Foto: C. Neumann

hygienischen Gründen der Raum über der Futterstelle frei bleiben, und
daher sollte auch keiner der mindestens armdicken Kletteräste über
diesem Bereich verlaufen. Einige Zweige dürfen, um das akrobatische
Geschick der Gleitbeutler zu trainieren, durchaus auch fingerdick oder
dünner ausfallen. Diese können dann recht einfach mit den in jedem
Baumarkt erhältlichen Halterungen für Gardinenstangen befestigt werden. Ähnliche Halterungen werden mittlerweile auch von diversen
Anbietern von Ziervogelbedarf offeriert. Durch Lösen nur einer Schrau-
be kann man so einzelne Zweige bei Bedarf, also wenn diese von den
Tieren verschmutzt, nicht mehr elastisch federnd oder die Rinde kom-
plett abgenagt ist, problemlos austauschen. Die Tiere können sich an
kräftigeren, dickeren Ästen jedoch besser bewegen, weshalb der
Hauptteil auch entsprechend dimensioniert sein sollte. Auf diese
Weise kann man auch die natürliche Abnutzung der Krallen so weit
fördern, dass ein regulierendes Eingreifen mit der Schere vermieden
wird. Insgesamt sollten alle Klettermöglichkeiten im äußeren Bereich
des Geheges angeordnet werden. So bleibt noch genügend Bewe-
gungsraum für die Gleitsprünge der Tiere, falls sie sich dann doch einmal dazu entschließen sollten. Auch Pflegearbeiten im Gehege sind
bei mehr Platz einfacher. Verwenden Sie nur ungespritzte Äste von
Obstbäumen, da unsere Pfleglinge auch gerne die Rinde abnagen!
Keinesfalls dürfen Teile immergrüner Gehölze eingebracht werden, da
diese in unseren Breiten immer sekundäre Pflanzenstoffe enthalten,

die für unsere Pfleglinge unverträglich oder sogar giftig sind. Als schlimmste Beispiele sind hier Eiben (*Taxus* spp.) und Kirschlorbeer (*Prunus laurocereasus*) zu nennen. Weniger bedenklich sind sommergrüne Gehölze, obwohl es darunter auch einige problematische Vertreter gibt. So ist die Salizylsäure der Weiden (*Salix* spp.) zwar in Schmerzpräparaten für manche Menschen segensreich, für viele Tiere aber giftig. Gut geeignet für unsere Zwecke sind dagegen Hasel-, Buchen- und Eichenzweige.

Aufgrund der unten beschriebenen, ziemlich verschwenderischen Fressweise der Kurzkopf-Gleitbeutler, aber auch, um die Verschmutzung der Volierenumgebung durch Kot und Urin in Grenzen zu halten, sollten sämtliche an eine Zimmerwand grenzenden Volierenwände auf ihrer Außenseite mit seitlich gut 30 cm überstehenden Kunststoffscheiben versehen werden. Auch die unteren 50 cm der Voliere werden rundum mit transparenten Plexiglas- oder Polykarbonatflächen abgesichert, damit die Einstreu dort bleibt, wo sie hingehört: in der Voliere.

Auch Exotennistkörbchen werden als Rückzugsmöglichkeit angenommen.
Foto: R. Sistermann

Beleuchtung

Die hauptsächlich nächtliche Lebensweise der Gleitbeutler verleitet natürlich manchen Halter, darüber nachzudenken, ob nicht die Einrichtung eines Nachttierraumes nach Art der entsprechenden Häuser in vielen zoologischen Gärten anzustreben wäre. Theoretisch ist die Umstellung durch eine entsprechend energieaufwändige Beleuchtung in der Nacht und Verdunkelung am Tag durchaus durchführbar. In der Praxis erweist sich zumindest für Privatpersonen der technische Aufwand aber als zu groß und in den meisten Fällen auch als völlig unnötig. Die Tiere gewöhnen sich meist recht schnell an die regelmäßigen abendlichen Fütterungen und erwarten ihren Pfleger schon am Gitter hängend.

Natürlich liebt die dämmerungs- und nachtaktive Gesellschaft helles Licht nicht besonders, weshalb, um die Tiere auch in der Dunkelheit beobachten zu können, eine für die Tiere blendfreie, schwache Lichtquelle installiert werden sollte. Dafür eignen sich vor allem die neuen LED-Lampen, die mit zu den sparsamsten Lichtquellen gehören und in verschiedenen Farben erhältlich sind. Im Gegensatz zu anderen, lediglich oberflächlich farbig lackierten Leuchtmitteln strahlen sie von vornherein nur monochromes Licht aus, also nur die gewünschte Farbe. Besonders rote LED-Strahler eignen sich zur ungestörten Beobachtung, da die Gleitbeutler wie die meisten Säugetiere rotblind sind, also diese Farbe mangels der dafür empfindlichen Sehzellen im Auge gar nicht wahrnehmen können. Doch wirkt der mondlichtartige Eindruck blauer Lampen für das menschliche Auge weit natürlicher. Auch in den Nachttierhäusern der Zoos werden aus diesem Grund blaue Strahler für die Beleuchtung eingesetzt. Zumindest meine Tiere werden dadurch nicht in ihren Aktivitäten gestört, zumal die Lampe nicht nur während der Nacht zugeschaltet wird, sondern auch während des gesamten Tages in Betrieb ist. Bei einer Leistung von etwa 1,5 W, also einem Stromverbrauch von rund zwölf Kilowattstunden pro Jahr, hat dieser Strahler voraussichtlich eine Lebensdauer von über fünf Jahren. Eine gleich helle, lackierte Glühbirne hätte während ihrer etwa dreimonatigen Betriebsdauer bereits fast die gleiche Menge Strom verbraucht. Man muss kein Mathegenie sein, um zu erkennen, dass sich der höhere Anschaffungspreis von etwa 8 € für den LED-Strahler im Vergleich mit normalen Glühbirnen schon nach wenigen Monaten rentiert hat. Selbst die immerhin recht sparsamen Kompakt-Leuchtstofflampen erreichen nur eine Leuchtdauer von etwa einem Jahr, kosten in der Anschaffung aber fast das Gleiche, im Betrieb aber mehr als das Dreifache wie die neuen Strahler und zeigen oftmals nach längerer Betriebsdauer ein deutlich wahrnehmbares Flackern. Lediglich die preis-

Stimmen die Haltungs-
bedingungen, danken
es die Gleitbeutler mit
ihrem zutraulichen We-
sen.
Foto: C. Ehrlich

günstigen, nicht farbig lackierten, also ungedämpft weißen Kompakt-
Leuchtstofflampen eines großen Discounters und eines schwedischen
Möbelhauses, die ich nicht zur Beleuchtung, sondern tagsüber, vor
allem im Winter, zur zusätzlichen Belichtung der für das Raumklima
förderlichen Grünpflanzen verwende, ließen sich noch nicht durch LED-
Strahler ersetzen. Auch der Ersatz natürlicher UV-A- und UV-B-Strah-
lung lässt sich nur durch den Einsatz regelmäßig erneuerter Spezial-
leuchtmittel bewerkstelligen. Hier profitieren meine Kurzkopf-Gleitbeutler von den Kompakt-Strahlern der im benachbarten Aquarium
untergebrachten aquatilen Schildkröten. Das „lichtscheue Gesindel"
nutzt sie aber nur selten und bei wirklichem Bedarf, wie z. B. während
der Aufzucht der Jungtiere. Die Anschaffung dieser Lampen, deren
Spektrum für den Knochenstoffwechsel enorm wichtig ist, ausschließlich für die Gleitbeutler lohnt sich aber wohl doch, denn zumindest bei
meinen Tieren sind in zehn Jahren noch nie Symptome eines Kalzium-
mangels aufgetreten. Es reicht dann aus, wenn wir die Strahler mor-
gens und abends für jeweils eine halbe bis ganze Stunde per Schalt-
uhr einschalten. Wir sollten aber auf jeden Fall darauf achten, dass
alle Lichtquellen eine satinierte Oberfläche aufweisen. Nur so ist jegliche Schädigung der doch sehr empfindlichen Netzhäute der Kurzkopf-
Gleitbeutler auszuschließen.

Pflegearbeiten

Zu den Pflegearbeiten gehört außer der täglichen Versorgung der Tiere mit frischer Nahrung und Flüssigkeit natürlich auch die Kontrolle des Allgemeinzustandes der einzelnen Gruppenmitglieder. Da die ganze Bande abends meist pünktlich zur ersten Fütterung am Gitter hängt, ist das relativ einfach und schnell zu erledigen. Es fällt sofort auf, wenn sich eines der Tiere abseits hält oder keinen Appetit hat. Schwieriger und aufwändiger ist da schon die Reinigung der Voliere und ihrer Einrichtung. Da besonders die Männchen ausgiebigen Gebrauch von ihren Duftdrüsen machen, nimmt das gesamte Gehege relativ schnell den markanten, moschusartigen Gleitbeutlergeruch mit der jeweils speziellen „Familiennote" an.

Es wäre aber grundfalsch, zu versuchen, mit möglichst häufiger Reinigung diesen von manchen Menschen als unangenehm empfundenen „Duft" einzuschränken oder völlig zu unterbinden. Gleitbeutler brauchen ihre selbst gesetzten Reviermarken genauso sehr wie wir unsere verschließbaren Haustüren. Die Tiere werden deshalb besonders gründlich gereinigte Teile der Einrichtung sofort wieder ebenso gründlich mit ihrem „Hausduft" markieren. Um die Gruppe also keinem unnötigen Stress auszusetzen, sollte nie das komplette Gehege mit der gesamten Einrichtung geputzt werden. Wir sollten uns vor allem immer die „Schmuddelecken" vornehmen, in denen sich Abfälle und Ausscheidungen sammeln. Auch ein-

Sauberkeit ist bei der Haltung der Kurzkopf-Gleitbeutler äußerst wichtig.
Foto: M. Tilly

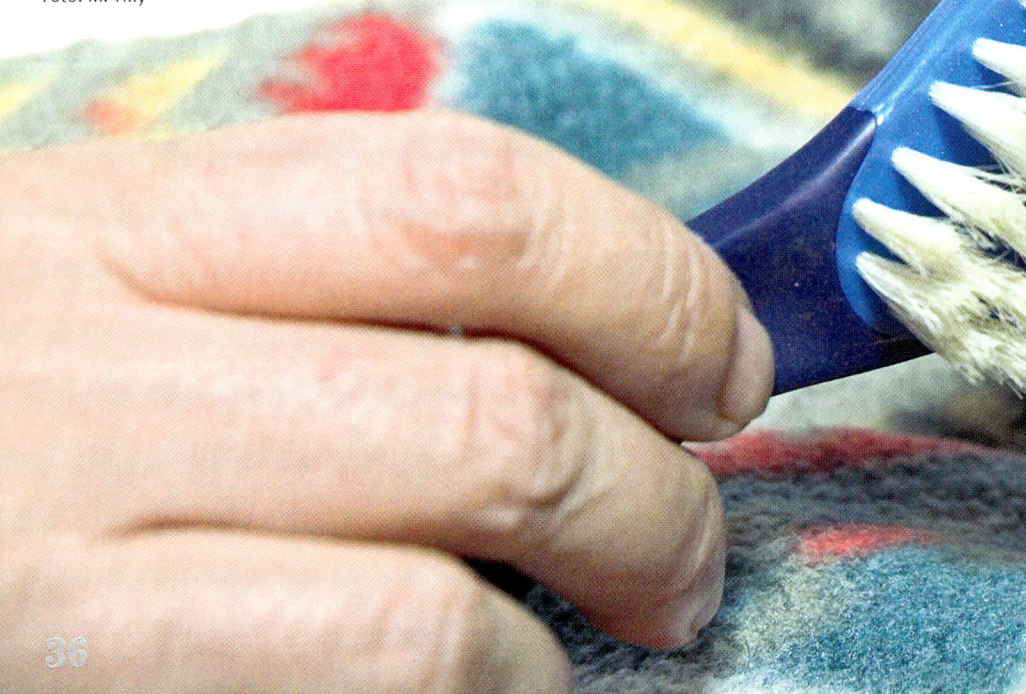

zelne Äste, Sitzbretter und Nistboxen können Sie dabei nach Bedarf heiß abwaschen oder austauschen. Auch sollten Sie normalerweise nicht unbedingt den gesamten Bodengrund auf einmal auswechseln, sondern durch wöchentliches Entfernen der feuchteren Stellen und Auffüllen mit frischem Substrat dafür sorgen, dass der Reviergeruch erhalten bleibt. Es dürfen sich aber keine unerwünschten Untermieter wie z. B. Schimmelpilze, Fruchtfliegen (*Drosophila* spp.) oder Schimmelkäfer (*Aphitobius* spp.) einnisten. Falls doch einmal Anzeichen für einen solchen Befall erkennbar werden, ist zur Bekämpfung natürlich der radikale Austausch der gesamten Einstreu notwendig.

Die Ernährung der Kurz-
kopf-Gleitbeutler ist et-
was aufwändiger als bei
anderen Heimtieren.
Foto: C. Ehrlich

Ernährung

Die Ernährung von Kurzkopf-Gleitbeutlern ist eigentlich
nicht weiter schwierig, da die meisten Komponenten für
ihre Diät in jedem Supermarkt oder Discounter zu erwerben
sind. Dazu gehören beispielsweise die verschiedensten
süßen Obstsorten, Kinderbreie in Pulverform und im
Gläschen, Fruchtjogurts und Ahornsirup. Einige besondere Bestandteile sind allerdings nur im spezialisier-
ten Fachhandel erhältlich, wie etwa spezielle
Vitamin- und Mineralstoffpräparate für Kleintiere oder pulverförmiger Nektarersatz für Kolibris
oder Lori-Papageien. Die von den Gleitbeutlern
mit Heißhunger genom-
menen lebenden Futter-
insekten erhält man
entweder im gut sortier-
ten Zoofachhandel, per
Abonnement im
Versandhandel, auf (Ter-
rarien-)Tierbörsen, oder

Der Praxistipp
Grundsätzlich sollte das Futter in nagefesten und
gut zu reinigenden Gefäßen angeboten werden. Hier
haben sich besonders Edelstahlnäpfe bewährt. Sie
sind in verschiedenen Ausführungen und Größen,
auch mit dazu passenden Halterungen zum
Einhängen oder Anschrauben an das Käfiggitter, im
Tierbedarfshandel erhältlich.

bevorzugt auch aus eigener Zucht.

Zweckmäßigerweise erfolgt die Fütterung in den späten Nachmittagsstunden oder am frühen Abend, damit die Gleitbeutler zu Beginn ihrer Aktivitätszeit frische Nahrung vorfinden. Das Wasser in offenen Gefäßen wird ebenfalls jeden Abend erneuert. Nippeltränken können auch genutzt werden, sind aber zumindest bei meinen Tieren nicht so beliebt wie die offenen Edelstahlnäpfe. Aus Letzteren ist das Auflecken der Flüssigkeit offensichtlich viel leichter. Sie werden bei richtiger Anbringung, also im oberen Bereich des Geheges und nicht unterhalb von Kletterästen oder Seilen, auch kaum verschmutzt.

Zusätzlich zum Wasser kann man natursüße Fruchtsäfte reichen, die teilweise gerne genommen werden. Auch nach Rezept angerührter Instantnektar für Kolibris oder Loris (Pinselzungen-Papageien) ist zumindest bei meinen Tieren sehr begehrt. Leider neigen diese Mischungen dazu, sehr schnell zu säuern. Deshalb sollte ein solcher Trunk nur in kleinen Portionen gereicht werden, sodass die Tiere ihn in wenigen Stunden restlos verbrauchen. Eine andere Möglichkeit, den Gleitbeutlern diesen mittlerweile in hervorragender Qualität von verschiedenen Herstellern vertriebenen Nektarersatz zukommen zu lassen, ist, das trockene Pulver dem „Trockenmüsli" beizumischen. Bis zu 40 % der Nahrung dürfen nämlich aus diversen trockenen Leckereien bestehen, die von meinen Tieren immer bevorzugt genommen werden. Das erkennt man ziemlich einfach daran, dass, wenn ich abends alle Näpfe gleichzeitig in die Voliere gebe, erst einmal 15 Gleitbeutler nur an, auf, über und in diesem einen Napf mit Trockenfutter sitzen und hängen.

Die Ration für 15 Tiere besteht u. a. aus drei gehäuften Teelöffeln Müslimischung. Bevorzugt nehme ich hier „Sugar Fit", das Hauptfutter für Gleitbeutler der „Pet Factory", oder eine vergleichbare Frucht-Körner- Mischung. Notfalls geht es auch mit

Der Futterplan sollte möglichst abwechslungsreich sein.
Foto: P. Puschmann

einer hochwertigen Früchte-Müsli-Mischung für Menschen. Dazu kommen dann zwei gehäufte Teelöffel Instant-Früchtebrei-Pulver für Kleinkinder und ein gestrichener Teelöffel Instant-Hauptfutter für fruchtfressende Fledertiere, ebenfalls beispielsweise von der „Pet Factory". Ein Messlöffel Kolibri- oder Lori-Nektar-Pulver rundet die Trockenmischung ab. Dreimal im Napf schwenken, damit sich die Bestandteile schön vermischen und nicht nur der Nektar rausgeschleckt wird – fertig. Allerdings dürfen die Tiere keinesfalls zu viel dieser doch recht kalorienreichen Trockenmischung erhalten. Denn 66,6 % der bisherigen Todesfälle (die Stammeltern meiner Gruppe) waren nämlich, nach Befund des Veterinärmedizinischen Instituts Münster, bedingt durch Überfütterung! Die Hauptnahrung der Tiere sollte daher aus Obst, Gemüse und sonstigem Grünzeug bestehen. Dazu gehört sogar die Rinde der (Obstbaum-)Äste in der Voliere. In der Natur verwenden die Tiere ihre Schneidezähne auch, um Löcher in die Rinde bestimmter Bäume zu nagen. Der austretende, oft süße Saft dient den Kurzkopf-Gleitbeutlern als Kalorien- und Mineralstoffquelle. Ein solcher, allerdings stark konzentrierter Baumsaft ist der mittlerweile fast überall erhältliche Ahornsirup. In verdünnter Form wird er von den Tieren gerne genommen und besser vertragen als der reine Sirup. Der Hauptteil der Nahrung sollte allerdings, um es nochmals zu betonen, aus weniger energiereichem Futter wie Obst und Grünzeug bestehen. Dabei verwende ich als ständige Grundzutaten die während des ganzen Jahres erhältlichen Möhren, Äpfel und Bananen. Ein bis drei Möhren machen dabei

Nektarbrei für Loris und ein hochwertiges Müsli sind geeignete Futtermittel.
Foto: P. Puschmann

immer etwa ein Drittel des gereichten Feuchtfutters aus. Die Tiere verzehren sie zwar nicht so gerne wie süßes Obst, doch enthalten sie mehr der von den Beuteltieren benötigten Ballaststoffe. Das für die menschliche Ernährung gezogene Obst ist ja bei weitem nährstoffhaltiger und weniger faserreich als die von den Tieren in der Natur erreichbaren Früchte. Eine halbe Banane und ein Apfel, ergänzt von jeweils günstig erhältlichen „Früchten der Saison" und Südfrüchten, reichen für 15 Tiere aus. Dabei ist es den Kurzkopf-Gleitbeutlern eigentlich ziemlich gleich, was wir ihnen anbieten, solange es nur süß schmeckt. Hier machen sie ihrem englischen Namen „Sugar Glider" wirklich alle Ehre. Selbst Zitrusfrüchte kann man ihnen anbieten, doch auch hier nur die süßen Sorten wie Mandarinen, Clementinen und süße Orangen. Zitronen mögen sie gar nicht, und von Grapefruits lassen sie die stark bitterstoffhaltigen Häute der einzelnen Fruchtsegmente unangetastet liegen. Das ist einer der Gründe, warum ich ihnen alles Obst in pfotengerechte Stückchen schneide. Denn nicht nur beim Klettern nutzen die Kurzkopf-Gleitbeutler diese als Greifwerkzeuge. Sie nehmen wie Primaten passende Futterbröckchen in eine Pfote und lecken und nagen alle fressbaren Teile herunter, um den Rest dann mit einem eleganten „Schlenkern" auf den Volierenboden zu befördern. Kerne von Stein- und Kernobst entferne ich, da diese meist Blausäurevorstufen enthalten. Auch die Samen von Südfrüchten verfüttere ich nicht.

Lebendfutter darf auf keinen Fall fehlen. Foto: C. Neumann

Für beliebte Leckerbis-
sen ist nichts zu
schwer.
Foto: M. Tilly

Erstens weiß ich nicht, ob hier nicht auch Schutzstoffe eingelagert sind, und zweitens kann man aus den meisten von ihnen auch eine zumindest zeitweise in der Wohnung überlebende „grüne Dekoration" ziehen, die ganz nebenbei noch das Raumklima positiv beeinflusst. Leider zeigen sich Mango, Zimtapfel, Litschi & Co. auf Dauer nur in einem – mir leider nicht zur Verfügung stehenden – Wintergarten oder Tropenhaus von ganzer Schönheit.

Natürlich sind Kurzkopf-Gleitbeutler keine reinen Vegetarier, sondern auch tierischen Produkten keineswegs abgeneigt. In der Natur werden im Lauf der Nacht so manches Insekt und kleinere Wirbeltier oder der Inhalt diverser Nester zu ihrer Beute. Wer schon einmal miterlebt hat, mit welcher Energie sie Jagd auf Wanderheuschrecken oder große Schaben machen, wird ihnen einen solchen Leckerbissen auch nicht vorenthalten. Doch sollte auch hier nicht übertrieben werden, da sich sonst manche unserer Pfleglinge zu wahren Leckermäulern entwickeln und zu einseitiger und damit möglicher Mangelernährung neigen. Da sich speziell einige größere Schabenarten wie *Blaptica dubia* und *Blaberus craniferus* mit wenig Aufwand sehr gut züchten lassen, hat man in ihnen eine recht günstige Quelle von voluminösen und begehrten Proteinbrocken.

Freilauf

Gut eingewöhnte Kurz-
kopf-Gleitbeutler dür-
fen auch Freilauf in der
Wohnung genießen.
Foto: M. Tilly

Freilauf in der Wohnung ist für Gleitbeutler prinzipiell möglich und
nach entsprechender Eingewöhnung auch wünschenswert, da den Tieren dabei weitaus mehr Bewegungsmöglichkeiten als nur in der Voliere
zur Verfügung stehen. Der Pfleger kann dadurch viele interessante Beobachtungen machen, zu denen er bei reiner Käfighaltung nicht in der
Lage wäre. Doch wird das „Gleiten" in den meisten Fällen nicht dazu
gehören, da die Tiere fast immer lieber „zu Fuß" ihre Ziele erreichen, als
die für sie risikoreichere „Luftlinie" zu wählen. Trotzdem müssen wir für
unsere Kletterkünstler nicht nur – wie für Meerschweinchen & Co. – die
unteren Bereiche der Wohnung ausbruchsicher gestalten, sondern
auch Lüftungsöffnungen und Fenster geschlossen halten oder, wenn
möglich, sicher vergittern. Die Erstellung eines „Action-Spielplatzes",
wie sie für viele andere Kleinsäuger oft erstrebenswert und mit vielen
schönen Beispielen liebevoll in der einschlägigen Literatur beschrieben sind, ist für unsere Rabauken eigentlich nicht nötig. Die kleinen
Eroberer werden meist schon nach wenigen Tagen unsere komplette
Wohnung als ihren höchsteigenen Vergnügungspark betrachten. Wir
müssen uns also eher Gedanken darüber machen, wie wir sie daran

hindern, jene Zonen zu erreichen, die – zumindest von zweibeinigen Mitbewohnern – als „gleitbeutlerfreie Zone" gefordert werden. Schließlich sind ihre Krallen scharf genug, um auch nicht völlig glatte Tapeten, Rauputz oder nicht lackierte Holzmöbel zu erklimmen. Leider hinterlassen sie dabei ihre Spuren nicht nur in Form kleiner Kratzer auf den Oberflächen. Gleitbeutler haben nun einmal das starke Bedürfnis, ihre Reviere zu markieren und werden auch nie wirklich stubenrein. Für die festen Hinterlassenschaften ist dabei der Gebrauch eines Staubsaugers sehr hilfreich. Außerdem müssen wir unbedingt die gesamte Elektroinstallation des Freilaufbereiches „tröpfchensicher" ausführen lassen, um tragische Unfälle der hochspannenden Art sicher ausschließen zu können. Offene Wasserflächen wie Aquarien oder offene Paludarien sollten durch dichte Gitter unzugänglich gemacht oder zumindest mit ausreichend stabilen Rettungsinseln und Ausstiegsmöglichkeiten versehen werden. Vor Jahren hat einer meiner Gleitbeutler schon einmal ein unfreiwilliges Bad im Schildkrötenbecken genommen. Gleitbeutler können also notfalls schwimmen, doch möchte ich keinesfalls ausprobieren, wie lange. Zum Glück können Schildkröten im Gegensatz zu Gleitbeutlern keine Hanfseile erklettern, sodass sich der „Möchtegern-Mark Spitz" recht schnell ins Trockene retten konnte.

Der Freilauf bietet dem kleinen Gleitbeutler eine Vielzahl an neuen Eindrücken.
Foto: M. Tilly

Es gibt noch weitere Gefahrenquellen, die speziell beim Freilauf der Gleitbeutler beachtet werden müssen. Kaum ein Kaninchen oder Meerschweinchen wird wohl jemals in die Spalten hinter hohen Schränken oder anderen Möbeln rutschen. Zuschlagende Türen sind ebenfalls eine mögliche Verletzungsursache. Eines meiner Tiere hat durch eine Schranktür mit Schnappscharnier sogar seinen Schwanz eingebüßt. Genauso können unachtsame Bewegungen des Pflegers für die im Vergleich mit uns doch sehr zarten Tiere zum Risiko werden. Zumindest der durchschnittliche Gleitbeutler

Ein Seil reizt sofort zum Klettern.
Foto: K. Daiber

ist der mechanischen Belastung durch Fuß oder Hinterteil eines Menschen nicht gewachsen. Auch andere Haustiere können für die Gleitbeutler gefährlich werden. Nicht jedes Kaninchen ist friedlich, und selbst Vögel können, soweit sie nicht klein genug sind, um selber in das Beuteschema der Gleitbeutler zu fallen, diesen erheblich zusetzen. Beutegreifer wie Hund oder Katze haben in Gesellschaft der Gleitbeutler rein gar nichts zu suchen. Auch wenn der „Hauswolf" oder „Stubentiger" noch so gut erzogen ist, kann man sich nie darauf verlassen, dass seine natürlichen Jagdinstinkte nicht doch „mal eben kurz" durchbrechen. Ein darauf beruhender Unglücksfall wäre nie dem Tier, sondern immer dem verantwortlichen Halter anzulasten. Weiterhin sind nicht nur die auf dem Boden stehenden Pflanzen nach Unbedenklichkeit auszusuchen, auch die in höheren Regionen des Zimmers stehenden oder gar hängenden grünen Pfleglinge dürfen keine für unsere Gleitbeutler gefährlichen Inhaltsstoffe aufweisen. Genussmittel wie Kaffee oder Tee, Drogen wie Alkohol und Tabak oder andere Produkte aus der menschlichen Giftküche sollten den Tieren nie zugänglich werden. Die möglichst einzige Ausnahme ist der Einsatz nötiger Präparate auf tierärztliche Anordnung hin.

Verhält sich ein Gleit-
beutler auffallend pas-
siv, ist dies meist ein
ernsthaftes Krankheits-
anzeichen.
Foto: R. Sistermann

Gesundheit

Gesundheitliche Probleme treten zum Glück bei Kurzkopf-Gleitbeutlern eher selten auf. Bei einigen Haltern zeigten die Tiere jedoch Zei-
chen von Kalziumunterversorgung bis hin zur Kalziummangeltetanie,
bei der die Tiere unter Krämpfen sterben können, wenn ihnen nicht
sofort Hilfe durch einen Tierarzt zukommt. Ob es sich dabei um eine
genetische Veranlagung bestimmter Zuchtlinien der Gleitbeutler oder
um eine Fehlversorgung handelte, ließ sich leider nicht eindeutig klä-
ren. Prinzipiell erscheint es seltsam, dass baumbewohnende Tiere, die
aus im Allgemeinen sehr mineralarmen tropischen Waldgebieten stammen, in menschlicher Obhut eine solche Tendenz zum Kalziummangel
zeigen. Die meisten Lebensformen dieser Biotope zeigen viel eher einen geringeren Bedarf oder besondere Speichermöglichkeiten (z. B.
die Kalkeinlagerungen im Halsbereich bei verschiedenen weiblichen
Geckos) als spezielle Anpassungen an das fehlende Angebot an Mine-
ralstoffen. Glücklicherweise gibt es auch für Tiere aus den Zuchten, in
denen bereits ein Kalziummangel beobachtet wurde, Möglichkeiten
zur Vorsorge. Als Erstes sollte man bei diesen Tieren verstärkt auf ein
positives Kalzium-Phosphat-Verhältnis in der angebotenen Nahrung
achten. Ideal ist ein Verhältnis von 2:1. Auch einen höherer Anteil an
Kalzium ist in Ordnung, auf keinen Fall darf jedoch der Anteil an Phos-
pat höher als der Kalziumanteil sein, wie es bei den meisten Futtertie-
ren der Fall ist. Wird der ausreichend hohe Anteil an Kalzium nicht alleine durch das Futter erreicht, kann auf entsprechende Präparate im
Zoofachhandel zurückgegriffen werden. Da zur Umsetzung des Kalzi-

Eine ausgewogene Ernährung ist die beste Vorbeugung gegen Erkrankungen. Foto: H. Brzezina

ums im Organismus Vitamin D benötigt wird, müssen wir dafür sorgen, dass die Tiere dieses entweder selber bilden oder aber in ausreichendem Maße aufnehmen können. In der Natur aktivieren die meisten Säugetiere Vitamin D aus chemischen Vorstufen im eigenen Körper, wenn sie sich der energiereichen UV-Strahlung des Sonnenlichtes aussetzen. Wir können die Aufnahme dagegen auch über die Ernährung steuern. Viele Futtermittel enthalten bereits von Natur aus Vitamin D. Bei speziellen Futtermischungen für Gleitbeutler, aber auch bei den verwendeten Nahrungsmitteln für Kleinkinder wird es noch extra beigefügt. Die Menge der künstlich zugesetzten Vitamine ist in solchen Fällen auf der Packung angegeben, da zumindest im Humanbereich Art und Dosis der Zusatzstoffe deklariert werden. Der Einsatz spezieller Vitaminpräparate ist immer mit Vorsicht zu handhaben, da Vitamin D auch überdosiert werden kann. Dabei kann es durchaus zu ähnlichen Erscheinungen wie etwa Krämpfen kommen wie bei einer akuten Kalziumunterversorgung. In einem solchen Fall, also bei scheinbarem Kalkmangel trotz ausreichenden Angebots sowohl von Kalzium als auch von Vitamin D, sollte immer sofort ein auf Kleintiere spezialisierter Tierarzt aufgesucht werden. Nur er kann dann noch anhand der

Ist der Gleitbeutler krank, muss unbedingt ein Tierarzt hinzugezogen werden.
Foto: R. Sistermann

Blutwerte des betroffenen Tieres die richtigen Maßnahmen einleiten. Eigene Therapieversuche können in solchen Situationen irreparable Schäden oder sogar den Tod des Tieres verursachen.

Besser erscheint es mir da, den Tieren zwar Kalzium zuzuführen, die künstlichen Vitaminpräparate aber durch ausreichende Versorgung mit Sonnenlicht oder künstlichem UV-Licht zu ersetzen. Es gibt ja mittlerweile etliche UV-Strahler, die von den nachtaktiven Tieren allerdings wegen ihrer Helligkeit nur ungern genutzt werden. Trotzdem habe ich manchmal den Eindruck, dass sich besonders tragende und säugende Weibchen auch des Öfteren der Strahlung der 23 W starken Kompaktleuchtstofflampe aussetzen, die eigentlich andere aus Neuguinea stammende Mitbewohner mit der nötigen Dosis UV-A und UV-B versorgen soll: Nachmittags sitzen sie manchmal schon vor der Fütterung neben dem Becken der Rotbauch-Spitzschildkröten (*Emydura subglobosa*) in „der Sonne".

Kurzkopf-Gleitbeutler
sind von Natur aus sehr
neugierig.
Foto: H. Brzezina

Zähmung

Wirklich handzahme Gleitbeutler, also Exemplare, die sich bereitwillig mit der Hand aufnehmen und transportieren lassen, sind gar nicht so selten. Doch gibt es manchmal auch ziemliche Kratzbürsten, die jeglichen Annäherungsversuchen verschlossen bleiben. Die Tierchen haben nämlich durchaus ihren eigenen Charakter, der sich in den meisten Fällen auch nicht so einfach ändern lässt. Futterzahm werden aber im Lauf der Zeit eigentlich alle, nehmen also „Leckerchen" direkt aus der Hand. Prinzipiell wird jegliche Kontaktaufnahme durch die grenzenlose Neugier der Tiere sehr erleichtert. Besonders abends, zu Beginn ihrer Aktivitätsperiode, erkunden sie alles, was sich seit dem letzten Morgen verändert hat. Dabei zeigen sie sich

Der Praxistipp
Bei Bedarf lässt sich mit Leckerbissen auch meist der Freilauf unterbrechen, indem man zum Beispiel in der Voliere einige der besonders begehrten Wanderheuschrecken anbietet.

Schnell wird der Halter als Klettergerüst missbraucht.
Foto: M. Tilly

auch „Bestechungsver-
suchen" jeglicher Art
gegenüber sehr zugäng-
lich. Vor allem protein-
reiche und fetthaltige
Köder eignen sich da-
bei, allen voran lebende
Insekten. Wenn sie erst
einmal verstanden ha-
ben, worum es geht,
kann man damit die Tie-
re regelrecht locken.

Kleine Belohnungen
vertiefen die Freund-
schaft.
Foto: M. Tilly

Auch wenn sie zahm
werden, Gleitbeutler
sind keine Kuschel-
tiere.
Foto: M. Tilly

Die Zucht von Gleit-
beutlern ist nicht
schwierig.
Foto: C. Neumann

Vermehrung

Nachwuchs stellt sich bei Gleitbeutlern in einer tiergerecht gehaltenen und gemischtgeschlechtlichen Gruppe normalerweise von selbst ein. Bisher ist die Nachfrage nach jungen Gleitbeutlern zwar fast immer noch größer als die Zahl der nachgezogenen Tiere, doch hat es bereits Fälle gegeben, in denen nicht mehr erwünschte Exemplare in Tierheimen abgegeben wurden. Man sollte sich also gleich mit dem Gedanken vertraut machen, dass hier ein vernünftiges Management nötig werden kann, um auch auf Dauer die gewünschte Gruppenstärke zu erhalten. Zwar vermehren sich Gleitbeutler bei weitem nicht so rasant wie andere Kleinsäuger, durch ihre relativ längere Lebensspanne gleichen sie dieses Defizit auf Dauer jedoch teils Teil wieder aus. Gebremst wird das Wachstum der Gruppe aber auch dadurch, dass im statistischen Mittel weit mehr Männchen als Weibchen zur Welt kom-

Paarung von Gleitbeutlern, deutlich sichtbar ist der Penis des Männchens.
Foto: C. Neumann

men. Trotzdem kann sich so im Lauf einiger Jahre aus einem einzelnen Pärchen eine kopfstarke Großfamilie entwickeln. Dabei wächst natürlich auch der Bedarf an Raum und Futter. Außerdem können sich in zu großen Gruppen irgendwann Reibereien unter den einzelnen Individuen einstellen. Zum Beispiel, wenn die jungen Thronerben meinen, dass für den alten Pascha doch endlich die Zeit gekommen sei, die Herrschaft über den Clan an die nächste Generation weiterzureichen. In einer solchen Situation wird es für den Pfleger nötig, einzugreifen und den Frieden wieder herzustellen. In den meisten Fällen wird die einfachste Lösung eine Teilung der Gruppe sein. Zwar ist es aufgrund der Anatomie der Gleitbeutler für einen versierten Tierarzt relativ einfach möglich, überzählige Männchen zu kastrieren, doch ist es nach einer solchen Operation oft nicht einfach, die nun „fremd", nämlich nach Tierklinik riechenden Tiere, wieder in die Gruppe zu integrieren. Als friedensstiftende Maßnahme in der Gruppe ist die Kastration also nicht unbedingt zu empfehlen. Günstiger ist meines Erachtens, überzähligen Männchen ein eigenes Gehege zu bauen. Aber auch da wird man bald an Grenzen stoßen – entweder baulicher Art oder in Form eines Vetos der menschlichen Mitbewohner. Man sollte also lieber schon früh daran denken, dass man sich beizeiten von einigen der Lieblinge trennen muss, um dem Rest der Gleitbeutlerfamilie ein tier-

Gleitbeutlerfamilie mit
Nachwuchs
Foto: C. Neumann

gerechtes Leben in unserer Obhut zu ermöglichen. Eigentlich sollte es nicht schwierig sein, Interessenten für unseren Gleitbeutler-Nachwuchs zu finden, zumindest, wenn wir uns rechtzeitig darum kümmern. Sehr gute Aussichten auf Erfolg bietet dabei eine Kleinanzeige in der „RODENTIA". Aber auch über verschiedene Vereine, wie z. B. die BAG- (Bundesarbeitsgruppe) Kleinsäuger, oder auch über verschiedene Internetforen finden wir meist recht schnell ein neues, gutes Zuhause für die Kleinen.

In meiner eigenen Gruppe wurden nach dem Tod des dominanten Männchens keine weiteren Jungtiere mehr geboren, obwohl eigentlich alle sonstigen Faktoren gleich geblieben waren. Möglicherweise trat hier eine Inzuchtsperre auf, die die verbliebenen Tiere hinderte, sich miteinander zu paaren. Jedenfalls stellte sich nach Integration eines neuen, „blutsfrem-den" Weibchens in die Gruppe sofort wieder Nachwuchs ein. Ob ein solcher Mechanismus aber dauerhaft die genetische Verarmung verhindern kann, ist zu bezweifeln. Bei den meisten über mehrere Generationen nachge-zogenen Tierarten ist ein derartiger Me-chanismus nämlich das Erste, was im Zuge der beginnenden Domestikation ausselek-tiert wird. Während in der „freien Natur" nämlich immer genug Paarungspartner aus fremden Clans zur Verfügung stehen, sieht

Wussten Sie schon?
Die Geschlechtsreife erreichen die Jungtiere nach 8–14 Monaten, je nach Nahrungsangebot und körperli-cher Entwicklung. In menschlicher Obhut sind auch schon Paarungen jüngerer Tiere vorgekommen, doch ist der Aufzuchterfolg bei derart unerfahrenen Exem-plaren nicht so sicher wie bei älteren. Bei mir verlief ein solcher Versuch eines Weibchens, das mit gut sieben Monaten schon selbst seine ersten beiden Jungtiere im Beutel hatte, tragisch. Eines der Jung-tiere verschwand schon nach knapp fünf Wochen, das zweite wurde nach dem Verlassen des Beutels von der offenbar überforderten Mutter vernachläs-sigt. Nach sechs Nächten lag es tot im Wassernapf. Spätere Würfe zog dieses Weibchen dann allerdings ganz problemlos auf.

das in menschlicher Obhut schon anders aus. Hier treffen die Tiere in der Voliere immer nur auf Mitglieder der eigenen Sippe. Gruppen, in denen eine solche Inzuchtsperre nicht mehr in Kraft ist, würden sich ja auch dann noch fleißig vermehren, während bei anderen, „gesperrten" Gruppen die weitere Fortpflanzung schon längst unterbunden wird. Dass sich Gleitbeutler bereits auf dem Weg in die Domestikation befin-den, kann man z. B. beim Durchforsten des Internets feststellen. Zu-mindest in einigen Zuchtlinien traten bereits Farbmutationen auf, die von der Wildfärbung teilweise erheblich abweichen. Besonders in den USA entwickelt sich ja meist sofort ein gewaltiges, meist leider ziem-lich kommerziell begründetes Interesse an besonders gefärbten Tieren jeglicher Art. Ein Umstand, der besonders deswegen so pikant er-scheint, weil diese greifbaren Beweise für Darwins Evolutionstheorie ausgerechnet in einem Land so begehrt sind, in dem gerade diese Leh-re von einem Großteil der Bevölkerung konsequent verleugnet wird. Derartige wissenschaftliche Rückfälle ins Mittelalter finden sich aber auch hier in Europa: In Italien versucht man ebenfalls gerade wieder, die Evolutionstheorie aus dem Lehrplan zu streichen. Aber, um mit dem berühmten Italiener Galileo zu sprechen: Es ist genau wie bei der Erde – das Rad der Entwicklung dreht sich doch!
Auch die Kurzkopf-Gleitbeutler werden sich, wie alle Tierarten in menschlicher Obhut, auf Dauer anders entwickeln als unter den teil-weise doch grundsätzlich verschiedenen Bedingungen in der „Wild-nis". Einigen der eher traditionalistisch eingestellten Halter ist diese „Abkehr von der Wildform" seit jeher ein Dorn im Auge. Meist erfolgen die ersten Veränderungen jedoch nicht direkt sichtbar im äußeren Er-scheinungsbild von Tieren, sondern sie betreffen Verhaltensabwei-chungen. Erkennbar wurde dies beispielsweise an den allseits bekann-ten Mongolischen Rennmäusen (*Meriones unguiculatus*) und den Dsungarischen Zwerghamstern (*Phodopus sungorus*), als vor einiger

Zeit durch osteuropäische Zoos mal wieder einige Wildfänge importiert wurden. Interessierten Züchtern, die direkte Nachzuchten dieser Tiere zur „Blutauffrischung" ihrer eigentlich stabilen Bestände erhielten, erschraken teilweise regelrecht über die Hektik und Aggression dieser „wilden Fingerbeißer". Selbst bei Kleinsäugern, die sich erst derart kurz in menschlicher Obhut befinden, würde normalerweise kein Halter derart unruhige und unfreundliche Tiere zur weiteren Zucht einsetzen. In diesem Fall war es zur „Blutauffrischung" natürlich unumgänglich. Bei den Kurzkopf-Gleitbeutlern sind bis jetzt kaum Inzuchterscheinungen wie Kümmerwuchs oder Unfruchtbarkeit aufgetreten. Auch wird ja immer noch in ausreichendem Maß für die Zufuhr fremder Gene durch Importtiere gesorgt. Doch sollte man dabei möglichst vermeiden, verschiedene Populationen zu vermischen, wie es z. B. im Asienhaus und hinter den Kulissen des Prager Zoos geschieht. Dort werden Kurzkopf-Gleitbeutler gehalten, die als „Beifänge" mit einem Import aus Indonesien kamen. Auch nach mehreren Generationen Mischung findet man dort neben den normal gefärbten auch Tiere, deren Schwanz ein mehr oder weniger ausgeprägt weißes Ende aufweist. Auch haben einige wenige Männchen um die Stirndrüse einen scharf abgesetzten weißen Rand innerhalb des dunklen Stirnstreifens. Die Tiere werden hier vorbildlich gehalten, aber da dem Zoo die Herkunft der einzelnen Tiere nicht bekannt war, hat man offenbar verschiedene regionale Formen vermischt. Nun wird wohl kaum jemand auf die Idee kommen, Gleitbeutler wieder auswildern zu wollen. Im Gegensatz zu anderen erfolgreichen Projekten dieser Art mit Wüstenbewohnern wäre dieses Unternehmen zum Scheitern verurteilt. Der natürliche Lebensraum dehnt sich ja im Falle der Gleitbeutler nicht aus, sondern wird vom Menschen immer weiter vernichtet. Doch haben die Flugkünstler, zumindest bei richtigem Management, in unseren Volieren durchaus auch auf Dauer einen tiergerechten Lebensraum.

Der Kopf kleiner Gleitbeutler ist überproportional groß.
Foto: C. Neumann

Sind die Jungtiere alt genug, werden sie auch schon mal alleine in der Wohnhöhle zurückgelassen.
Foto: C. Neumann

Aufzucht der Jungtiere

Wie alle Beuteltiere haben auch Kurzkopf-Gleitbeutler nur eine sehr kurze Trächtigkeit. Die Jungtiere kommen nach 17 Tagen in einem sehr unfertigen, fast noch embryonalen Zustand auf die Welt. Direkt nach der Geburt kriechen sie in den mütterlichen Beutel und suchen sich eine Zitze, die sofort in ihrem Mäulchen anschwillt und das Kleine praktisch mit einer Art „Druckknopf-Mechanismus" festhält. Hier findet dann ein Teil der weiteren Entwicklung statt, bis die Jungen nach etwa zweieinhalb Monaten zu groß sind, um weiter ständig von der Mutter mitgetragen zu werden. Schon einige Zeit vorher kann man manchmal abends, bei der Fütterung der Mutter, einen Blick auf ein Hinterteil, Bein oder Schwänzchen der Jungtiere erhaschen. Die Kleinen sind gut gewachsen und passen schon nicht mehr so richtig in den Beutel. Nach der Beuteltragzeit verbringen die Kleinen noch bis zu vier Wochen fast ausschließlich im Nest. Anfangs sind ihre Augen geschlossen, und das Fell hat längst nicht die Länge und Dichte wie bei den erwachsenen Tieren erreicht. Normalerweise werden die Jungen von der Gruppe problemlos akzeptiert, und alle Mitglieder kümmern

Weiblicher Kurzkopf-
Gleitbeutler – die für
Männchen charakteris-
tische Stirndrüse fehlt.
Foto: H. Brzezina

Ältere Jungtiere werden
auf dem Rücken getra-
gen.
Foto: C. Neumann

Etwa neun Wochen alter Gleitbeutler
Foto: C. Neumann

sich mehr oder weniger intensiv um das Wohlergehen der Kleinen. Die geben auch prompt bekannt, wenn ihnen irgendetwas nicht passt. Dabei nutzen sie schon das Meckern der Erwachsenen, wenn auch in einer leiseren Variante. Falls einmal keiner der „Großen" in der Nistbox anwesend ist, stoßen sie manchmal ein fast geräuschloses, zischendes Fiepen aus. So bald wie möglich eilt die Mutter zum Säugen oder ein auch anderes der erwachsenen Tiere herbei, um dem Nachwuchs Gesellschaft zu leisten. Spätestens zwei Wochen nach dem OOP-Datum („Out Of Pouch"), also dem ersten Verlassen des Beutels, öffnen sich die Augen der Jungtiere. Gleichzeitig werden sie unternehmungslustiger und machen erste Ausritte durch das Gehege auf den Rücken der erwachsenen Familienmitglieder. Dabei erkunden sie nicht nur die Umgebung des Nestes, sondern auch die Futternäpfe werden schon einmal ausgiebig beschnuppert. So lernen sie das spätere Nahrungsspektrum schon einmal kennen, obwohl sie es zu diesem Zeitpunkt noch gar nicht nutzen können. Feste Nahrung nehmen sie nicht vor dem vierten Lebensmonat (4–6 Wochen nach OOP), wenn sie auch schon selbstständig im Gehege umherklettern. Etwa einen Monat später werden die Jungtiere von ihrer Mutter entwöhnt, wobei „Einzelkinder" oft viel länger trinken dürfen als die Jungen aus einem Mehrlingswurf. Fünf bis sechs Monate nach ihrer Geburt sind die Jungtiere vollkommen selbstständig. Dies ist, falls eine Abgabe der Kleinen geplant ist, auch der frühestmögliche Termin dafür. Nicht nur die körperliche Entwicklung, auch die Erfahrungen, die die Tiere bis jetzt gemacht haben, sind nun so weit abgeschlossen, dass sie ihr weiteres Leben auch in einer neuen Gruppe aus eigener Kraft meistern können.

Weitere Informationen

Ämter

Bundesamt für Naturschutz (BfN)
Konstantinstr. 110, D-53179 Bonn
Telefon: 0228-8491-0, Fax: 0228-8491-200
Internet: www.bfn.de
Für Artenschutz-Fragen: www.wisia.de

Bundesministerium für Verbraucherschutz, Ernährung und Landwirtschaft (BMVEL, vormals BMELF)
Referat Tierschutz
Postfach 140270, D-53107 Bonn
Telefon: 0228-529-0 oder 01888-529-0, Fax: 0228-529-4262 oder 01888-529-4262
Internet: www.verbraucherministerium.de

Das BMVEL verschickt kostenlos das „Gutachten über Mindestanforderungen an die Haltung von Säugetieren" sowie das Tierschutzgesetz.

Vereinigungen

Bundesarbeitsgruppe (BAG) Kleinsäuger e.V.
c/o Uwe Wurlitzer, Schulzoo Binzer Straße, Binzer Str. 14,
D-04207 Leipzig
Internet: www.bag-kleinsaeuger.de
Herausgeber der „BAG Mitteilungen"

Bundesverband für fachgerechten Natur- und Artenschutz e. V. (BNA)
Ostendstrasse 4, D-76707 Hambrücken
Internet: www.bna-ev.de

Tierärztliche Vereinigung für Tierschutz (TVT)
Bramscher Allee 5, 49565 Bramsche
Internet: www.tierschutz-tvt.de

Deutsche Gesellschaft für Säugetierkunde
c/o Prof. Dr. Günther B. Hartl, Institut für Haustierkunde, Christian-Albrecht-Universität zu Kiel, Olshausenstr. 40-60, D-24113 Kiel
Internet: www.uni-kiel.de/ifh/dgs
Herausgeber der „Mammalian Biology" (s. u.)

Aus der Schlafhöhle lässt sich die Umgebung trefflich beobachten.
Foto: M. Tilly

Zeitschriften

RODENTIA – Kleinsäuger-Fachmagazin
Populärwissenschaftliches Kleinsäuger-Fachmagazin für domestizierte Arten und Wildformen
Natur und Tier - Verlag, An der Kleimannbrücke 39/41,
D-48157 Münster
Telefon: 0251-13339-0, Fax: 0251-13339-33
E-Mail: verlag@ms-verlag.de; Internet: www.ms-verlag.de

Mammalian Biology – Zeitschrift für Säugetierkunde
Wissenschaftliche Zeitschrift für alle Säugetiere (auch Großsäuger)
Urban & Fischer Verlag, Niederlassung Jena, Postfach 100537,
D-07705 Jena
Internet: www.urbanfischer.de/journals/mammbiol

Giftpflanzen-Datenbank
www.vetpharm.unizh.ch/perldocs/toxsyqry.htm

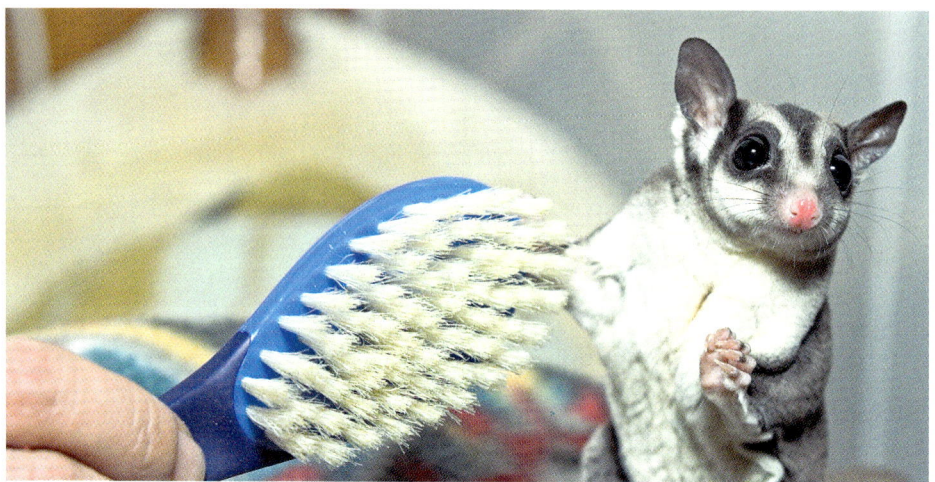

Körperpflege muss sein.
Foto: M. Tilly

Weiterführende und verwendete Literatur

EHRLICH, C. (2003): Kleinsäuger imTerrarium. – Natur und Tier - Verlag, Münster, 128 S.

FOX, S. (2003): The Guide to Owning a Sugar Glider. – TFH Publications, Walnut Creek, 64S.

GOLLMANN, B. & G. GASSNER (2001): Sugar Gliders, Kurzkopfgleitbeutler. – Ulmer, Stuttgart

KELSEY-WOOD, D. (1996): Sugar Gliders as Your New Pet. – TFH Publications, Walnut Creek, 93 S.

MACPHERSON, C. (1997): Sugar Gliders - everything about Purchase, Care, Nutrition, Behaviour, and Breeding – Barron's Educational Series. Hauppauge, New York, 120 S.

NEUMANN, C. (2007): Dem Gleitbeutler ins Nest geschaut – Zum Nist- und Aufzuchtverhalten von *Petaurus breviceps*. – RODENTIA 7(6), 38–41.

NIEDIEKER, M. (2001): Lass die Sugar Glider raus. – RODENTIA (1(3), 46–49

NOWAK, R. M. (1991): Walker's Mammals of the World. 5. Aufl. – The John Hopkins University Press, Baltimore & London

O'REILLY, H. (1997): A New Owner's Guide to Sugar Gliders. – TFH Publications, Walnut Creek, 93 S.

PUSCHMANN, W. (2004): Zootierhaltung, Tiere in menschlicher Obhut - Säugetiere. – Wissenschaftlicher Verlag Harry Deutsch, Frankfurt a. M., 878 S.

SISTERMANN, R. (2005): Der Kurzkopf-Gleitbeutler (*Petaurus breviceps*). – RODENTIA 6(2), 31-34

Leben mit Meerschweinchen

S. Tooson, C. Ehrlich

184 Seiten, zahlreiche Abbildungen
Format: 16,8 x 21,8 cm, ISBN 978-3-937285-54-2

19,80 €

Leben mit Kaninchen

C. Wilde

ca. 200 Seiten, zahlreiche Farbfotos
Format: 16,8 x 21,8 cm, ISBN 978-3-86659-071-7

19,80 €

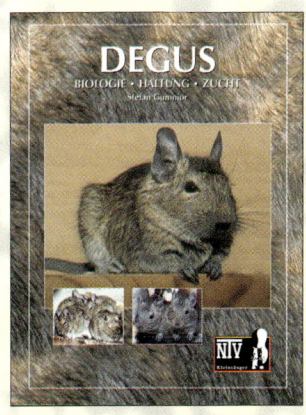

Degus

S. Gumnior

80 Seiten, 88 Fotos
Format: 16,8 x 21,8 cm
ISBN 978-3-937285-53-5

14,80 €

Steppenlemminge und andere Wühlmäuse

R. Sistermann

80 Seiten, 104 Farbfotos, 1 Grafik
Format: 16,8 x 21,8 cm
ISBN 978-3-937285-60-3

14,80 €

Zwerghamster

S. Honigs

80 Seiten, 87 Farbfotos, 3 Grafiken
Format: 16,8 x 21,8 cm
ISBN 978-3-931587-96-3

14,80 €

Kleinsäuger im Terrarium

C. Ehrlich

128 Seiten, 147 Farbfotos, 2 Grafiken
Format: 16,8 x 21,8 cm
ISBN 978-3-86659-023-6

19,80 €

> „Ein Muss für jeden, der plant, einem kleinen Exoten ein Heim einzurichten"
> (*„Ein Herz für Tiere",
> Juni 2004*)

KLEINSÄUGER IM TERRARIUM
BIOLOGIE · HALTUNG · ZUCHT
Christian Ehrlich

Weg vom muffigen Käfig, hin zu einer modernen und artgerechten Tierhaltung: Viele Kleinsäuger lassen sich am besten in einem entsprechend eingerichteten Terrarium halten. Dieses Buch stellt die geeigneten Terrarientypen vor und schildert ausführlich und praxisnah die erfolgreiche Zucht und Pflege der Tiere.

- Anatomie, Abstammung und Systematik
- Verbreitung, Biotope, Anpassungen
- Alle Informationen zur artgerechten Haltung: Vom geeigneten Terrarium über Einrichtung und Technik bis hin zur Fütterung
- Erfolgreich nachzüchten: Paarungsstimulation und Aufzucht der Jungtiere
- Kleinsäuger zähmen
- Thema Freilauf: So ist es artgerecht.
- Problemlösungen: Wie man die häufigsten Fehler bei der Pflege vermeidet, und wie man kranken Tieren helfen kann: Gesunderhaltung der Tiere
- Riesiger Artenteil mit detaillierten Porträts von 80 Arten der Beutelratten, Raubbeutler, Eigentlichen Beutler, Zahnarmen, Insektenfresser, Fledertiere, Nagetiere und Rüsselspringer

Natur und Tier - Verlag GmbH
An der Kleimannbrücke 39/41
48157 Münster
Telefon: 0251-13339-0
Telefax: 0251-13339-33
E-Mail: verlag@ms-verlag.de
Home: www.ms-verlag.de